In memoriam Lou Ottens

Die Musikwelt trauert um einen der größten Technikpioniere.
Der niederländische Ingenieur Lodewijk Frederik „Lou" Ottens legte den
Grundstein dazu, mit den Entwicklungen der Compact Cassette und dem
Recorder dazu, in den 1960er Jahren, das Musikhören tragbar zu machen. Erst
durch die Compact Cassette wurde Musik wirklich mobil und spätestens 1979
mit der Markteinführung von Sonys Walkman auch überall verfügbar. Der Autor
Uwe H. Sültz lernte mit seiner damaligen Ehefrau Dr. Jutta Sültz Lou Ottens in
Knegsel in den Niederlanden kennen. Ottens: „Mit einem Holzklotz begann im
Jahre 1960 die Geschichte der Kompaktkassette. Den hatte ich in der
Jackentasche. Größer durfte ein Pocket-Recorder nicht sein. Johannes J. M.
Schoenmakers entwickelte das Gehäuse. Peter van der Sluis entwickelte die
Kassette EL 1903 und den Mechanismus, damit die Kassette nicht aus dem
Recorder fiel."

Der welterste Compact-Cassetten-Recorder (Pocket-Recorder) PHILIPS EL
3300 wurde im belgischen PHILIPS-Werk in Hasselt entwickelt. Dieses sog.
Zweilochsystem setzte sich gegen das in Wien entwickelte Einlochsystem durch.
Lou Ottens war der Teamleiter in Belgien. Lou Ottens übergab Sültz einige der
ersten Cassetten. Der Leiter in Wien übergab Sültz eine der nicht
veröffentlichen Einlochkassetten.

- 1963 stellte PHILIPS den Recorder EL 3300 auf der Funkausstellung in
  Berlin der Öffentlichkeit vor.
- 1965 stellte PHILIPS die Technologie anderen Herstellern zur Verfügung.
  Im gleichen Jahr kam auch die erste fertig bespielte MusiCassette in die
  Läden, obwohl es bereits ein Jahr zuvor "Kostproben" von
  PHILIPS/MERCURY gab.
- 1966 gab es dann erste MusiCassette in STEREO.
- 1968 wurde DOLBY eingeführt
- 1971 kam CHROMDIOXID

Die Compact Cassette sollte mit ihrer robusten Mechanik und einfachen
Handhabung die breite Masse begeistern. Bereits 1965 kam eine neue

Gerätegeneration auf den Markt und die hauseigene Plattenfirma von Philips brachte dazu passend 24 vorbespielte Musikkassetten heraus, die den breiten Massengeschmack treffen sollte. Da schwärmte Heidi Brühl über die Welt der Musicals, Franzl Lang jodelte, der Berliner Lehrer-Gesangsverein besang die Schönheit der Welt und die Rattles brachten Star-Club-Feeling in die heimische Stube.

Lou Ottens leitete nicht nur diese Revolution ein; er war auch an deren Nachfolge beteiligt: Er entwickelte die Compact Disc mit, die nicht nur die Kassette als meistgenutztes Medium ablöste, sondern auch die Musik ins digitale Zeitalter brachte.

Ab 1972 entwickelte Ottens als Chef im NatLab (Natuurkundig Laboratorium) – das wissenschaftliche Forschungslaboratorium des Philips-Konzerns in Eindhoven – ein Nachfolgeprojekt mit dem Arbeitstitel ALP (Audio Long Play). Zunächst in einem Kleinprojekt als Ergänzung der Parallelentwicklung VLP (Video Long Play) gedacht, überzeugte Ottens Konzept die Philips-Konzernspitze, die im November 1977 grünes Licht für den Status als offizielle Produktentwicklung gab. Das System, welches später den Namen Compact Disc erhielt, wurde zudem als ernsthafter Nachfolger der Schallplatte positioniert, deren Prinzip seit knapp einem Jahrhundert (bis auf einige technische Anpassungen) weitgehend unverändert blieb.

Lou Ottens war zur Veröffentlichung der CD schon mit einem anderen Projekt beschäftigt – mit dem Einstieg Sonys wechselte er 1979 zur Philips Video Main Industry Group. Dort sollte er die Markteinführung von Video 2000 begleiten, die im Vergleich zu den Konkurrenzformaten VHS und Betamax verzögert erfolgte.

Bis zur Rente 1986 erarbeitete Ottens für den Konzern Vorschläge, die Logistik zu verbessern.

Lou Ottens starb am 6. März 2021 im niederländischen Duizel.

Das Ölbild, auf dem Lou Ottens zu sehen ist, malte Dr. Jutta Sültz vor Ort.

In dieser Ausgabe sehen Sie die welterste Compact-Cassette PHILIPS EL 1903 im zerlegten Zustand. Die Cassette stammt aus dem Jahr 1963. In den USA wurden die Recorder und Cassetten unter dem Namen NORELCO verkauft. PHILIPS legte zu den ersten Carry-Cordern 150 eine dieser ersten Compact-Cassetten mit NORELCO-Aufschrift. Die weltersten Cassetten besaßen keine Lösch-Laschen, waren schwerer und wurden mit Schrauben und Muttern zusammengehalten. Ebenso werden die weltersten Compact Cassetten Recorder gezeigt und die Unterschiede nach den Facelifts. Der Recorder EL

3300 besaß noch keine Motorregelung. In der nächsten Generation wurde eine einstellbare Regelung eingebaut.

Wussten Sie, dass es zwei Ausführungen des weltersten Compact-Cassetten-Recorders PHILIPS EL 3300 gab? Es waren nur minimale Unterschiede, die hier im Buch zu sehen sind.

Und was wäre gewesen, wenn PHILIPS sich für die parallel zur zukünftigen Compact Cassette entwickelte Einlochkassette entschieden hätte? Alles stand bereit, in Wien lag ein fertiger Recorder und die Einlochkassette auf dem Tisch. Wie diese Einlochkassette aussieht, hier im Buch ist das äußerst seltene Stück, auch zerlegt, zu sehen. Ebenso eine der weltersten Compact Cassetten EL 1903, auch zerlegt.

Wenn alle Ersatzteile eines EL 3302 vorliegen, was liegt dann nahe? Natürlich, wir bauen einen nigelnagelneuen Cassetten Recorder auf.

Mit welchen Hilfsmitteln die Geschwindigkeit eingestellt wird, wird hier gezeigt.

Das PHILIPS Chassis EL 33xx wurde auch u.a. eingesetzt von TELEFUNKEN, GRAETZ, NORELCO, HORNYPHON, MERCURY, PANASONIC, AMPEX, WOLLENSAK und andere. Eine kleine Auswahl wird gezeigt.

Der welterste Recorder EL 3300, sowie die erste Compact Cassette EL 1903:

Die ersten PHILIPS Cassetten wurden mit Schrauben und Muttern verschraubt. Alle EL 1903-01 sind nach diesem Prinzip zusammengesetzt worden, ebenso die Cassetten-Beigaben zu Recordern mit PHILIPS-Chassis vor 1966.

Die erste Cassette beinhaltete ein Ferroband, auch heute werden noch neue Cassetten div. Hersteller produziert, wie zu Beginn der Ära mit Ferroband.

Die EL 1903-01 wurde am 8.1.1963 von PHILIPS vorgestellt. Sie hatte keine Löschnasen und war schwerer als nachfolgende Modelle der 1960/1970'er Jahre. Das Band kam von BASF, ein sogenanntes FES 18-Band. Die Buchstabengruppe LGS und PES weisen auf den Aufbau des Bandes hin.

Renate & Uwe H. Sültz

Bücher von A bis Z

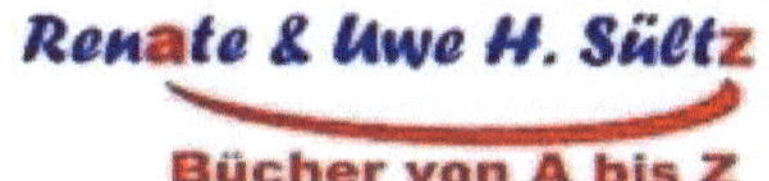

Erinnerungen an Lou Ottens' Compact Cassette & Recorder PHILIPS EL 3300/01/02/03

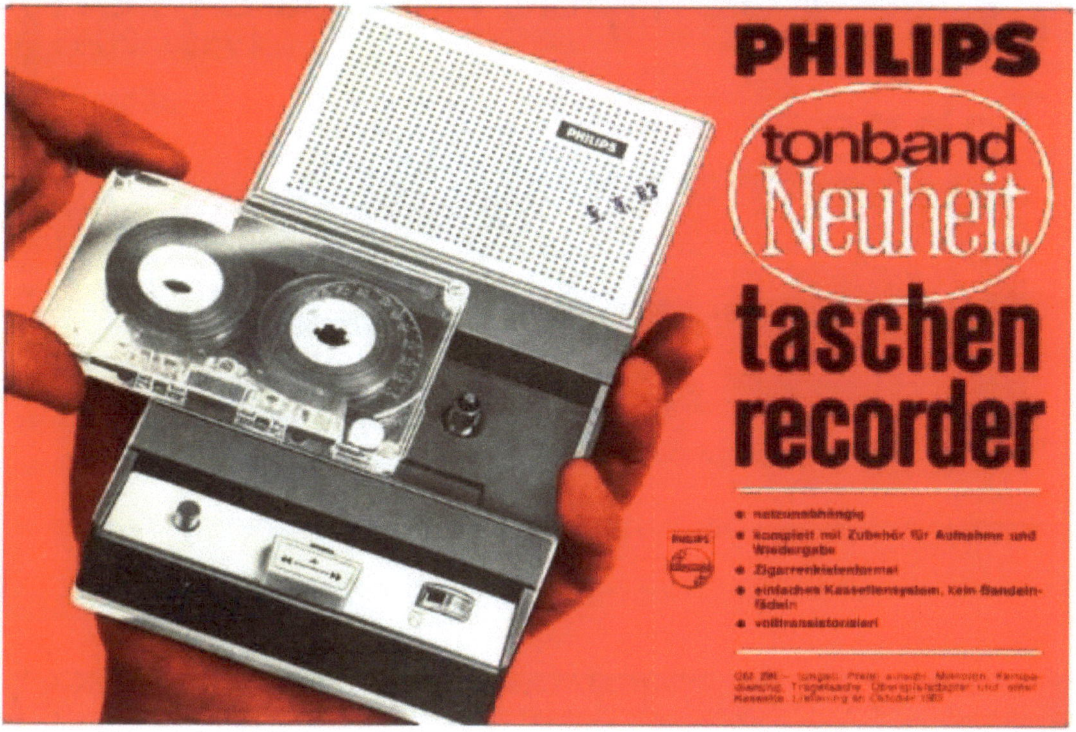

BoD - Books on Demand
Norderstedt 2021

Bibliografische Information durch die Deutsche Nationalbibliothek
Die Deutsche Nationalbibliothek verzeichnet diese Publikation in der
Deutschen Nationalbibliografie; detaillierte bibliografische Daten
sind im Internet über http://dnb.dnb.de abrufbar.

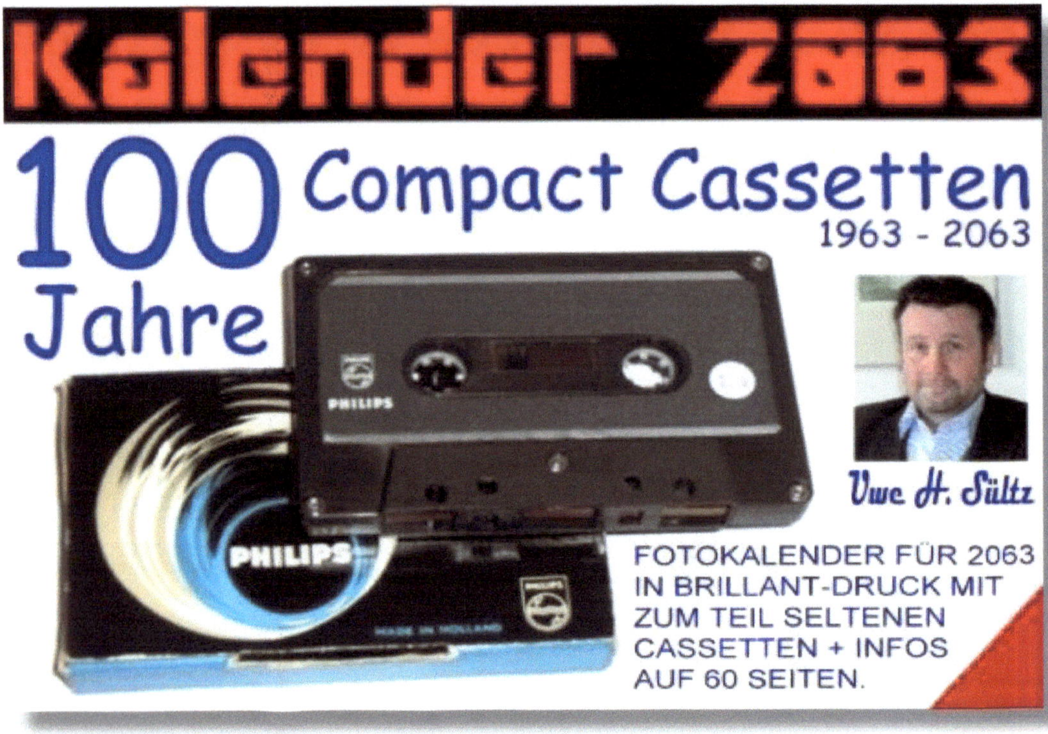

Kalender 2063

100 Jahre Compact Cassetten
1963 - 2063

Uwe H. Sültz

**FOTOKALENDER FÜR 2063
IN BRILLANT-DRUCK MIT
ZUM TEIL SELTENEN
CASSETTEN + INFOS
AUF 60 SEITEN.**

© Uwe H. Sültz **BoD**
Herstellung und Verlag BOOKS on DEMAND
BoD – Books on Demand, Norderstedt
ISBN 9-78375-3-46094-9

Bei LGS steht das L für LUVITHERM, dem vorgereckten Kunststoffträger (PVC). Die Typenbezeichnung PES deutet durch die Buchstaben PE auf Polyester als Trägerfolie hin. Typ PES 18 ist das dünnste Band. Es wurde in erster Linie für tragbare Batteriegeräte entwickelt, auf denen nur Spulen mit kleinem Durchmesser verwendet werden. Diese Geräte haben den für PES 18 notwendigen geringen Bandzug. Die Zahl hinter der Buchstabenreihe, bei PES 18 die 18, gibt die Gesamtdicke des Bandes (Träger plus Schicht) in tausendstel Millimeter an. Je dicker das Band ist, umso robuster ist es. Somit ist das PES 18-Band, das in der weltersten PHILIPS Compact Cassette von BASF geliefert wurde, nur 18 tausendstel Millimeter stark.

Die erste eigene BASF Compact Cassette brachte die BADISCHE ANILIN & SODA FABRIK 1966 auf den Markt. Ein neues BASF Logo wurde 1968 eingeführt, aus MAGNETOPHONBAND BASF wurde nur BASF, siehe Bilder.

Lou Ottens entwickelte damals den weltersten Compact Cassetten Recorder (Pocket-Recorder) PHILIPS EL 3300. Maßgeblich beteiligt im Team waren J.J.M. Schoenmakers und Peter van Sluis (die Urkassette EL 1903, den Recorder und den Mechanismus). Parallel wurde in Wien ein Einlochsystem hergestellt. Diese Einlochkassette ist in diesem Buch ebenso zu finden, auch zerlegt, wie die EL 1903, auch zerlegt.

Wie erwähnt, J.J.M. Schoenmakers hat die Urkassette und den Mechanismus Tonkopf/Band/Kontakt entwickelt. Hier ein Patentauszug:

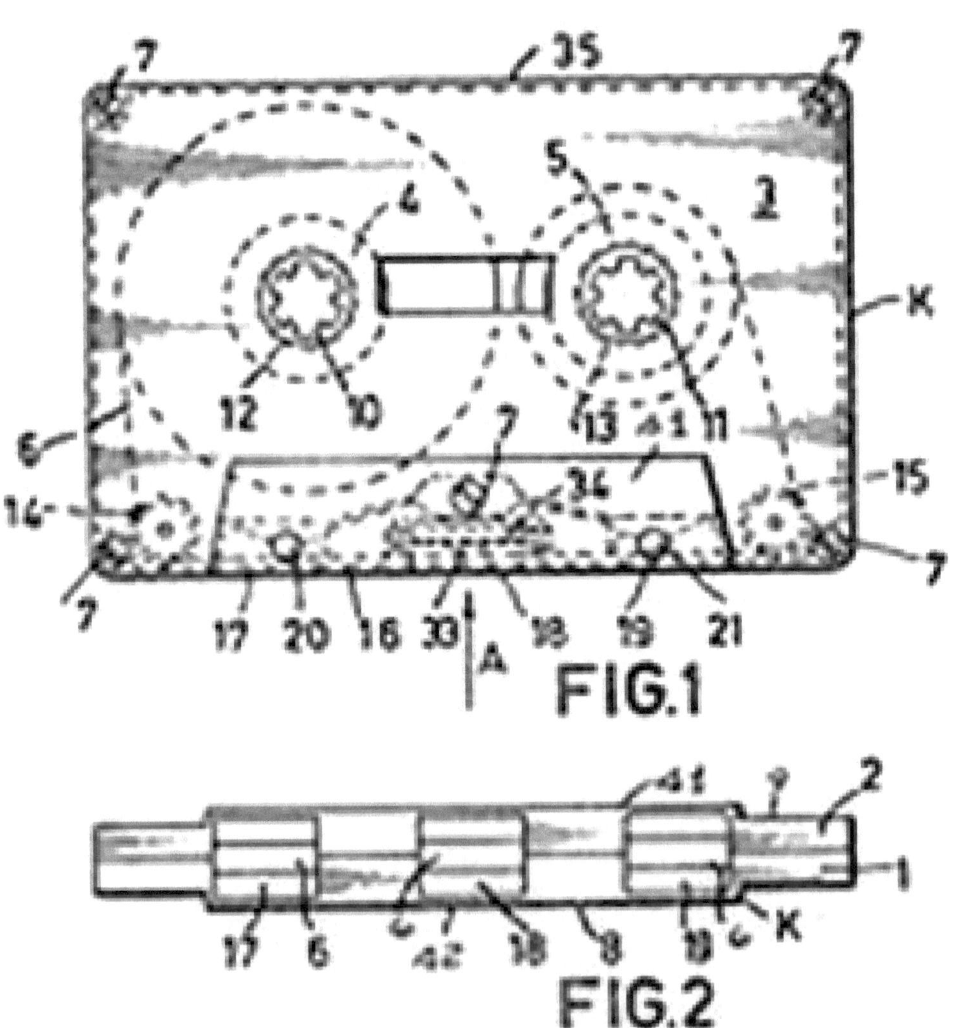
7
35
7
5
4
2
K
12
10
6
16
7
13
41
11
15
7
7
17
20
16
33
A
18
19
21
FIG.1
41
9
2
1
17
6
42
18
8
19
K
FIG.2

Die Einlochkassette wurde nie der Öffentlichkeit vorgestellt, PHILIPS entschied sich für das Zweilochprinzip, der zukünftigen Compact Cassette. PHILIPS wollte einen internationalen Namen, also „Compact Cassetten Recorder", alles mit „C" geschrieben. Außerdem waren sich andere Hersteller nicht einig. Der erste Recorder wurde am 30.8.1963 auf der Funkausstellung vorgestellt. Der erste Verkauf war in der 42. Woche 1963. Ab November 1964 wurde der Recorder in Amerika von NORELCO vertrieben, CARRY CORDER 150. Hier legte man eine Cassette EL 1903 mit NORELCO-Aufdruck bei. 1965 stellte PHILIPS die Technologie allen zur Verfügung (mehr oder weniger unter Druck, da SONY eventuell eine Kooperation mit dem System DC-INTERNATIONAL von GRUNDIG eingegangen wäre. Die Vorteile lagen jedoch auf PHILIPS Seite, da die Compact Cassette kleiner war. Außerdem gab es Streitigkeiten über Lizenzgebühren. Um SONY zu gewinnen verzichtete PHILIPS auf Lizenzgebühren.). Das war der Startschuss für die vielen Compact Cassetten. Die zweite PHILIPS Cassetten-Generation nannte man EL 1903-118D. Am Anfang wurden auch sie mit Schrauben und Muttern zusammengehalten. Danach mit Blechschrauben, danach geklebt. In der Übergangsphase wurden auch die für Schrauben hergestellten Gehäuse einfach geklebt. Geklebte Gehäuse sollen angeblich für mehr Laufruhe sorgen, aber in verschraubte Cassetten lassen sich die Bänder besser reparieren. Ab 1975 wurde wieder verschraubt. Die letzten PHILIPS-Generationen gab es Ende der 1990'er Jahre.

Auf den nächsten Seiten sehen Sie:

-   PHILIPS Werbung
-   Cassette EL 1903 und deren Aufbau
-   Unterschiede der Recorder EL 3300/01/02/03
-   Neuaufbau EL 3302
-   Einlochkassette
-   Chassis PHILIPS bei anderen Firmen verbaut
-   Recorder in OVP
-   Techn. Hilfsmittel und Pflege-Tipps
-   Über den Autor

• WORLD'S FIRST! • 

PHILIPS EL3300 CASSETTE REC/PLAYER

& TAPE CARTRIDGES (*cassette tapes*)

launched at the Berlin Radio Show 30th August 1963

and in the UK a year later in 1964

1963

Un événement.
Philips lance le 1er magnétophone à cassettes.

Aufbau der Compact Cassette

DER AUFBAU DER COMPACT CASSETTE

Die welterste Compact-Cassette wurde mit 90 Metern Bandmaterial ausgerüstet. Die Spieldauer war 2 x 30 Minuten. Die Cassette bestand aus 2 Kassettenhälften, einer Anpressfeder mit Filz, das dazugeörige Gleitstück, 2 Rollen, 2 Folien, sowie 5 Schrauben und Muttern. Bei der weltersten Cassette wurden 4 Schrauben 2x6mm, eine 2x10mm Schraube, sowie 5 Muttern mit dem Gewindemaß M2 verwendet. MusiCassetten, die fertig bespielt waren, sind oft zusammengeklebt worden, was eine Reparatur eines gerissenen Bandes erschwerte.

Uwe H. Sültz - Lünen - Germany

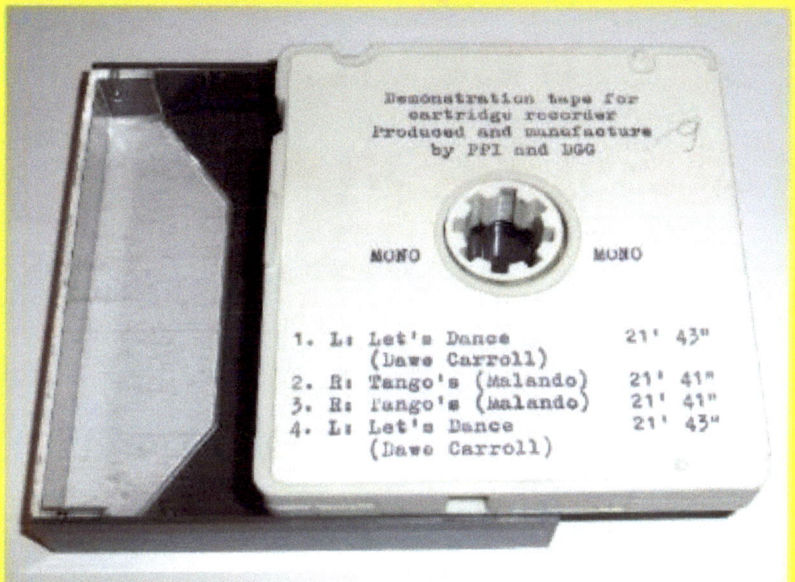

Uwe H. Sültz - Compact Cassetten Bücher

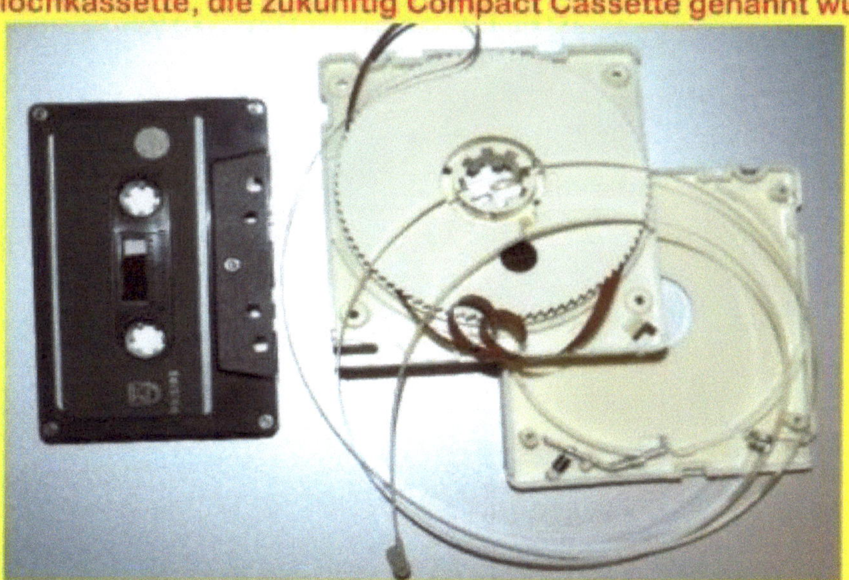

Uwe H. Sültz - Compact Cassetten Bücher

Enregistrez aussi facilement que vous photographiez.

5 magnétophones à cassettes Philips: 4 reporters, 1 virtuose.

5 magnétophones conçus par Philips pour utiliser toutes les possibilités [des] cassettes :

4 reporters toujours prêts à tout en[re]gistrer. Une cassette, une seconde : ils écou[tent].

1 virtuose qui aime la grande musi[que]. Il enregistre et lit en stéréo. Et cha[nge] automatiquement les cassettes : 6 h[eures] de musique ininterrompue.

De haut en bas :

EL 3302 : L'irremplaçable Mini[-K]. Compact. Léger. Simple. Et compl[et].

N 2202 : Un nouveau Mini-K : [...]. Avec éjecteur de cassettes.

N 2204 : Un nouveau Magi[-K]. Piles et secteur. Enregistrement auto[ma]tique. Contrôle de tonalité.

N 2205 : Magi K 7 Luxe. Pi[les,] secteur. Commande par touches. Co[ntrôle] de tonalité.

N 2401 : Stéréo K 7 à change[ur de] cassettes automatique. Contrôle de to[nalité]. Puissance 2 x 4 W. Compteur. Ca[ssettes] acoustiques recommandées BH [...]. Accessoire : Un "tobogan" N 6701 qui per[met d'obtenir de la musique ininterro[mpue].

N 2400 : Modèle stéréo K 7 [sans] changeur.

Documentation sur demande à
Philips Département Enregistreurs, [...]
50, avenue Montaigne, Paris 8e.

Enregistrez aussi facilement que vous photographiez

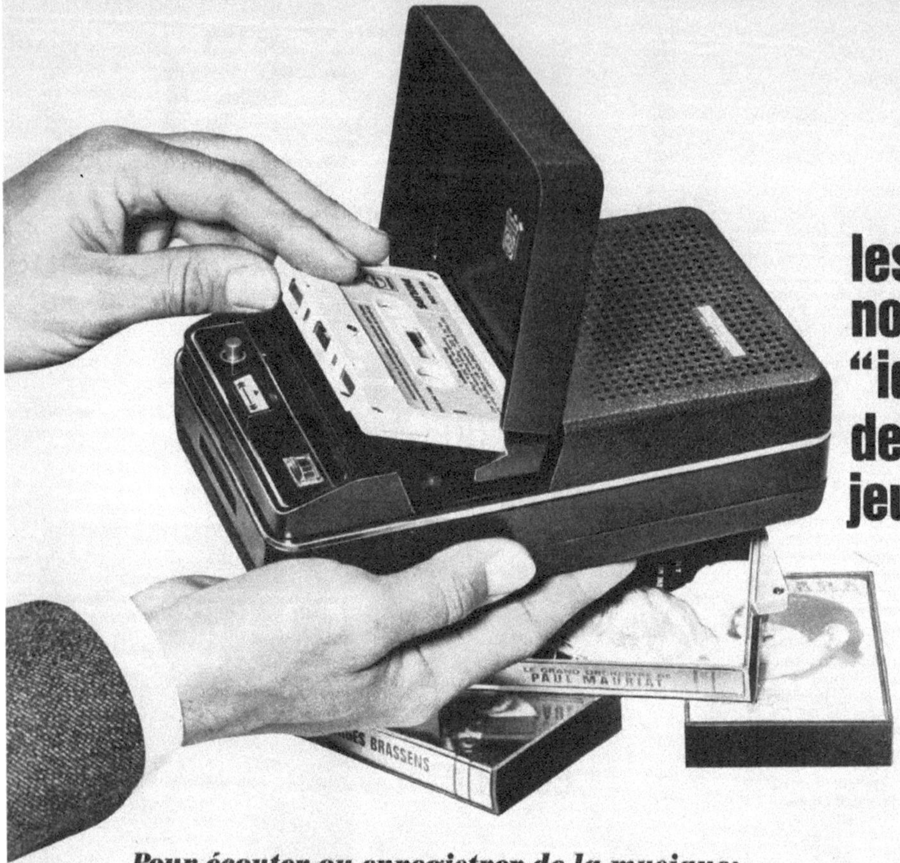

les 2 nouvelles "idoles" de la jeunesse

Pour écouter ou enregistrer de la musique:

le Mini K7 et la Musicassette

le succès le plus foudroyant de l'année

Succès sans précédent pour le Mini K 7 ! sa taille miniature, sa simplicité, sa musicalité ont fait du Mini K 7 la vedette de la série Radiola K 7, gamme de magnétophones spéciaux pour jouer les Musicassettes. Performances remarquables ! mais dimensions réduites grâce aux récents perfectionnements de la miniaturisation électronique.
Glissez une Musicassette dans un Mini K 7, poussez une touche... et place à la musique !
Voulez-vous enregistrer ? Glissez une cassette vierge, poussez la touche... ça y est !
Partez Mini K 7 en bandoulière... vous jouerez vos Musicassettes, vous enregistrerez, quand il vous plaira, où il vous plaira !
Succès aussi pour la Musicassette...
Succès logique ! ce minuscule boîtier contient, enregistrée sur un ruban magnétique, autant de musique qu'un 33 tours de 30 cm !

Succès mérité ! le ruban magnétique inrayable, incassable, indéformable, donne après des mois, la même reproduction fidèle !
Succès confirmé ! vos vedettes enregistrent sur Musicassettes pour Philips, Fontana, Mercury et la plupart des grandes marques.

Documentation E sur demande à Radiola, 47 rue de Monceau - Paris 8e
Démonstration et vente chez tous les distributeurs officiels Radiola.

Radiola

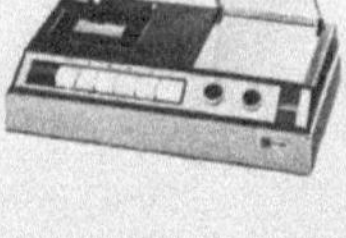

MONO K 7 - RA 9510
appareil secteur avec grand haut-parleur, et réglage automatique du niveau d'enregistrement.

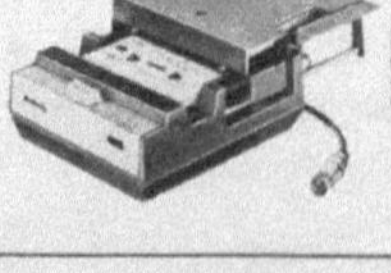

AUTO K 7 - RA 9505
se branche sur l'autoradio pour l'écoute en voiture des Musicassettes.

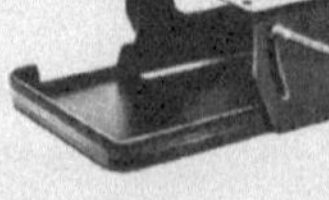

UNI K 7 - RA 9191
berceau spécial pour l'utilisation en voiture du Mini K 7.

Le dernier Claude François ?

Ton prochain reportage ?

...Écoute-le sur <u>musicassette</u>

...Enregistre-le sur <u>cassette</u> !

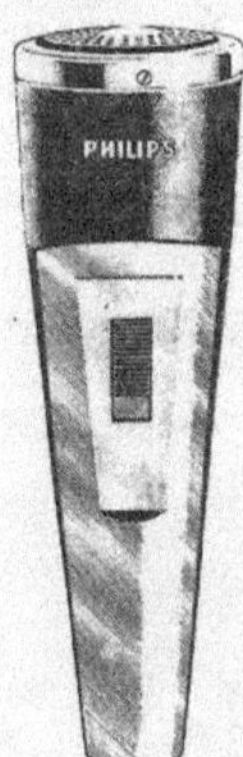

. . . les <u>deux</u> plaisirs sur le magnétophone à cassettes Philips !

1 **La musicassette** contient une bande magnétique pré-enregistrée.

Quelle facilité : glisse-la dans le magnétophone, clic, pousse une touche, clac : musique en long-playing ! Toutes tes vedettes préférées enregistrent sur musicassettes... inusables, ingriffables !

2 **La cassette** contient une bande vide et te permet d'enregistrer toi-même avec la même facilité (clic-clac) reportages, cours, etc.

Le magnétophone à cassettes Philips. Emporte-le partout : il joue sur piles (tu peux aussi l'adapter sur secteur !). Et sa puissance, sa sonorité étonnent les spécialistes.

Une démonstration

Entre vite chez le distributeur Philips. Il te fera volontiers essayer le tout.

La musicassette long-playing	**295 F**
La cassette pour enregistrer (60 min.)	**135 F**
(90 min.)	**185 F**
Le magnétophone à cassettes	**4.450 F**
L'adaptateur/secteur	**650 F**

Uwe H. Sültz
Lünen
Germany

Uwe H. Sültz
Lünen
Germany

Uwe H. Sültz
Lünen
Germany

Uwe H. Sültz
Lünen
Germany

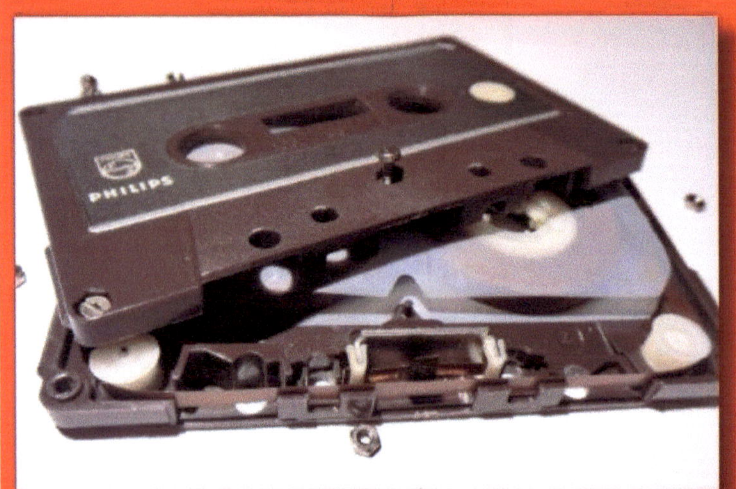

Uwe H. Sültz
Lünen
Germany

Uwe H. Sültz
Lünen
Germany

Uwe H. Sültz
Lünen
Germany

Uwe H. Sültz
Lünen
Germany
PHILIPS

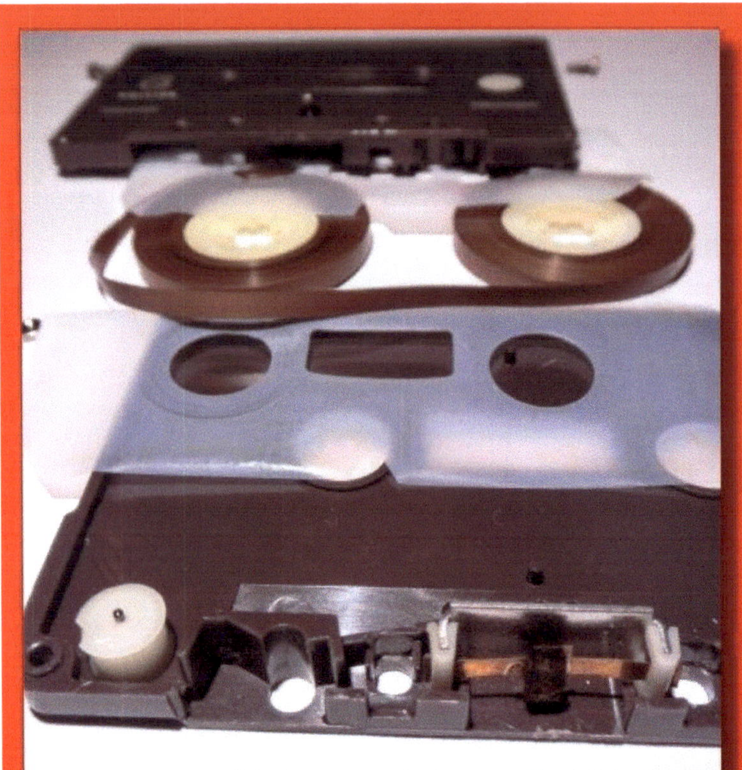

Uwe H. Sültz
Lünen
Germany

Uwe H. Sültz
Lünen
Germany

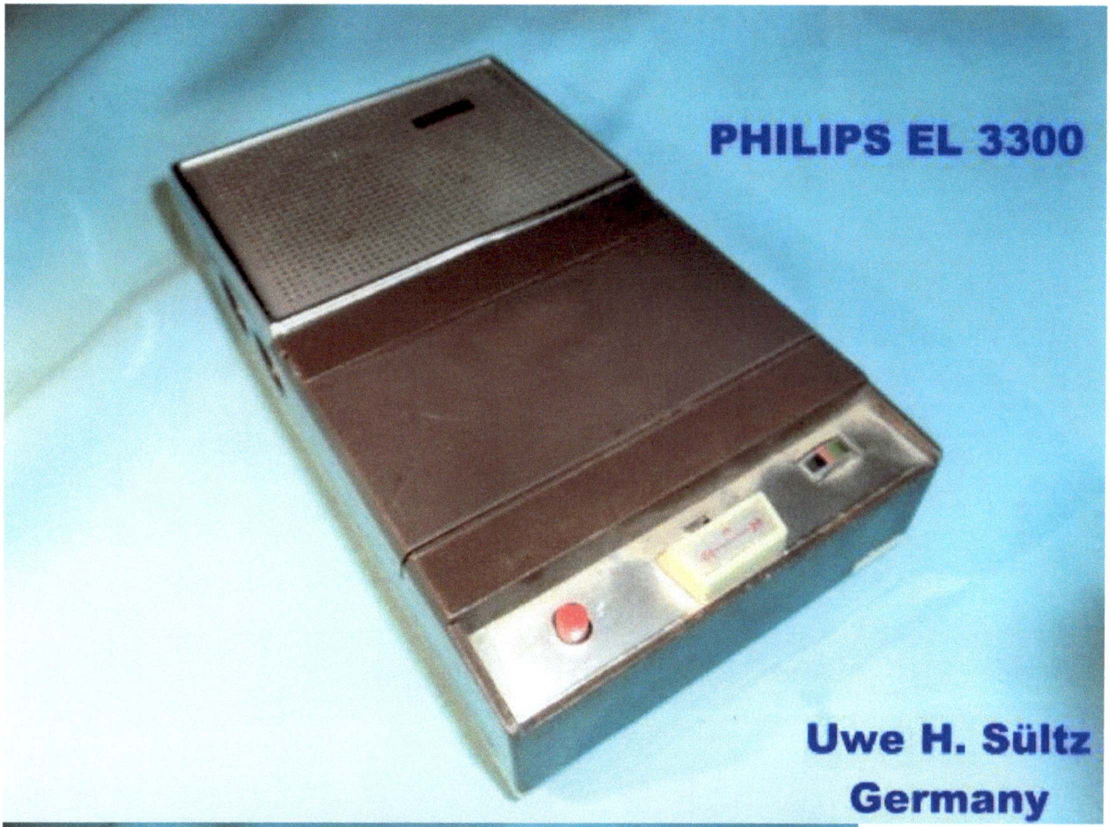

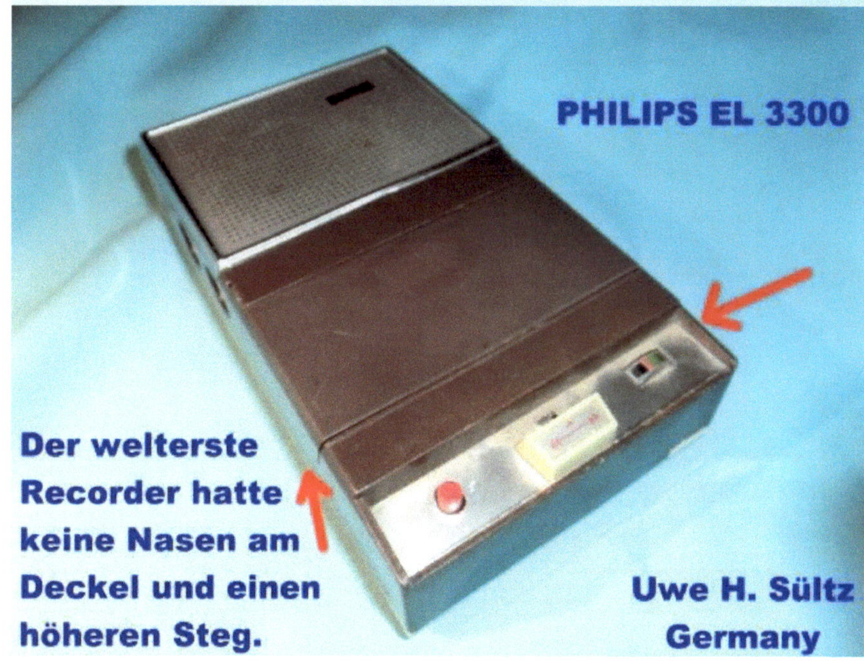

PHILIPS EL 3300
Uwe H. Sültz
Germany
PHILIPS EL 3300
Der welterste
Recorder hatte
keine Nasen am
Deckel und einen
höheren Steg.
Uwe H. Sültz
Germany

PHILIPS EL 3300
Uwe H. Sültz
Germany

PHILIPS EL 3300
Ohne Spiegel
und ohne
Löschsicherung
Uwe H. Sültz
Germany

Uwe H. Sültz
Germany

PHILIPS EL 3300

PHILIPS EL 3300
2.te Generation

Uwe H. Sültz
Germany

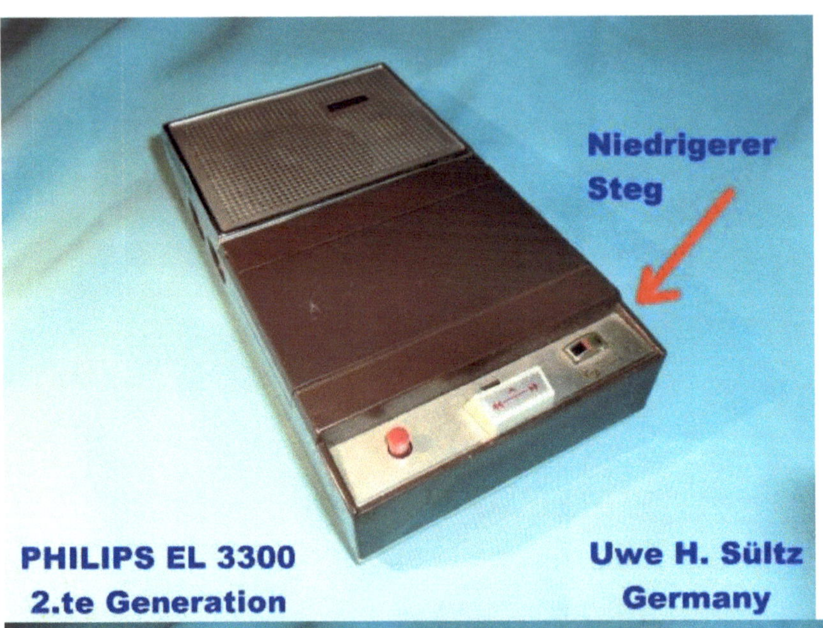

Niedrigerer
Steg
PHILIPS EL 3300
2.te Generation
Uwe H. Sültz
Germany
PHILIPS EL 3300 
Uwe H. Sültz
Germany

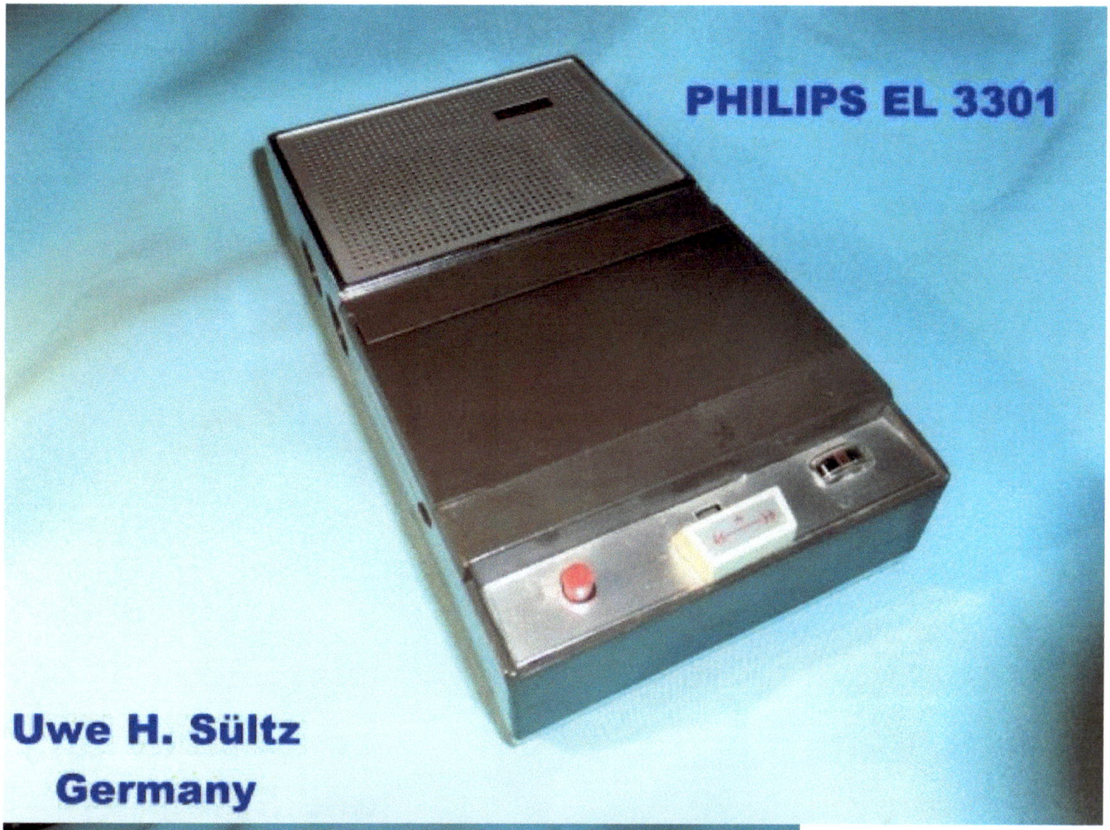

PHILIPS EL 3301
Uwe H. Sültz
Germany

Uwe H. Sültz
Germany
PHILIPS EL 3301

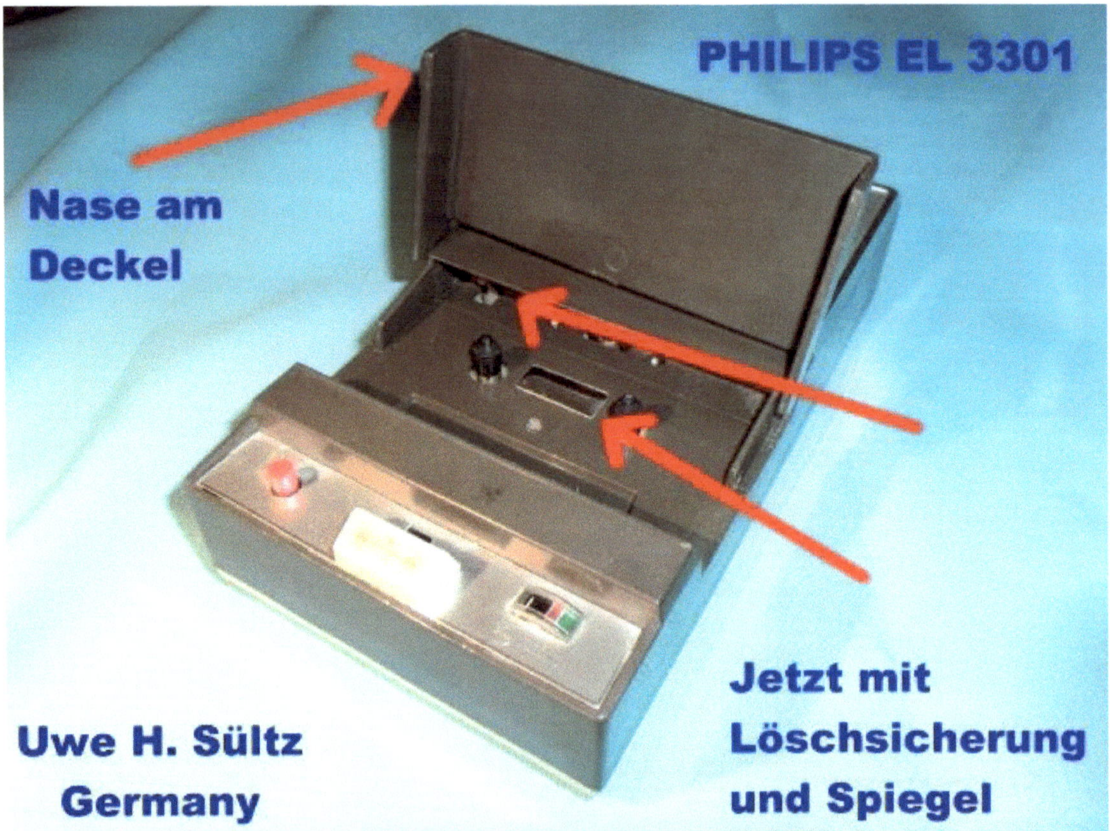

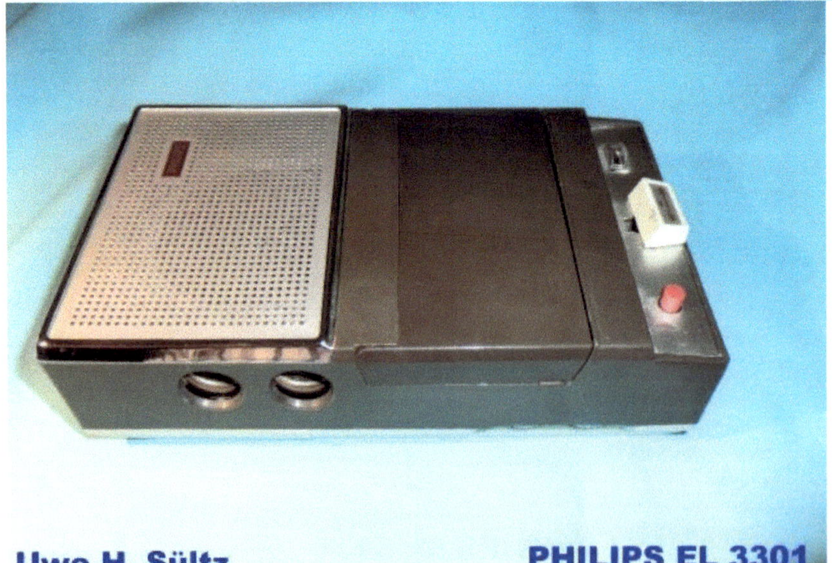

PHILIPS EL 3301
Nase am
Deckel
Jetzt mit
Löschsicherung
und Spiegel
Uwe H. Sültz
Germany
Uwe H. Sültz
Germany
PHILIPS EL 3301

PHILIPS EL 3302

**Uwe H. Sültz
Germany**

PHILIPS EL 3302

**Uwe H. Sültz
Germany**

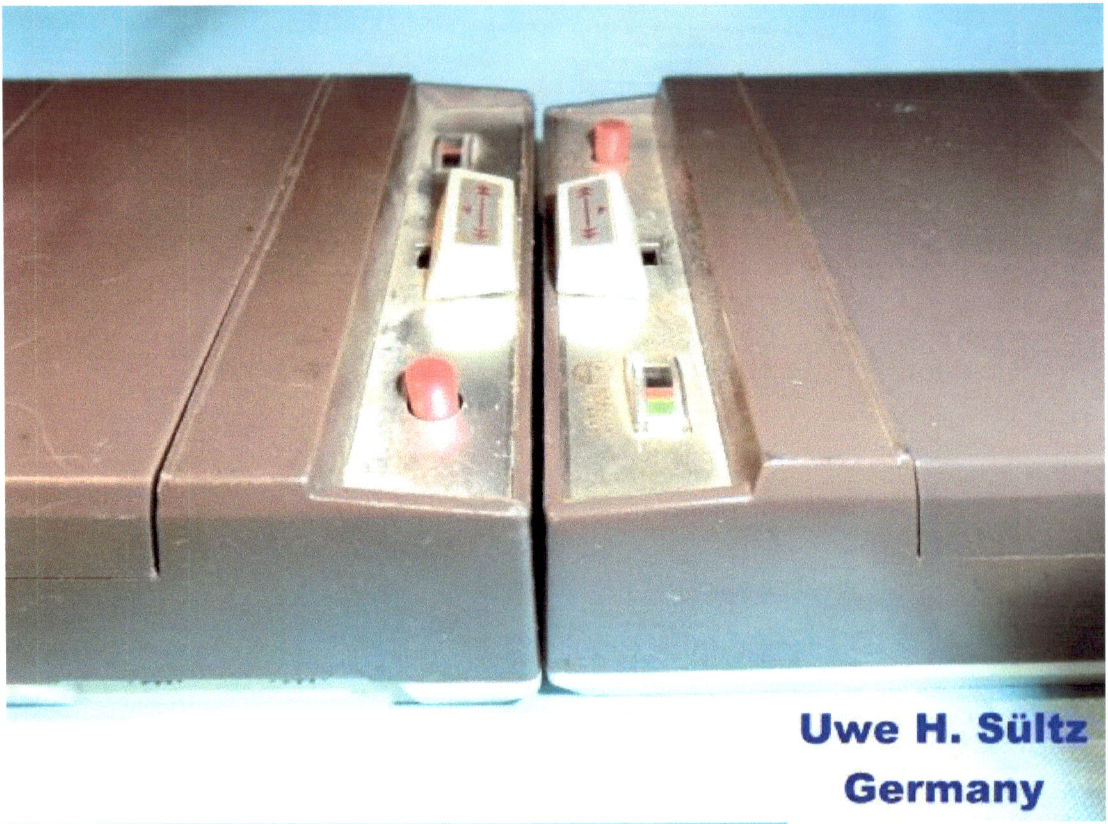

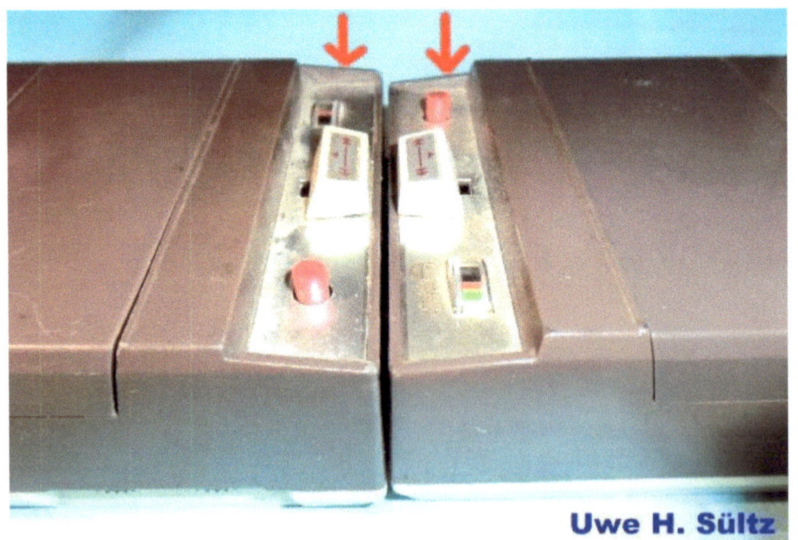

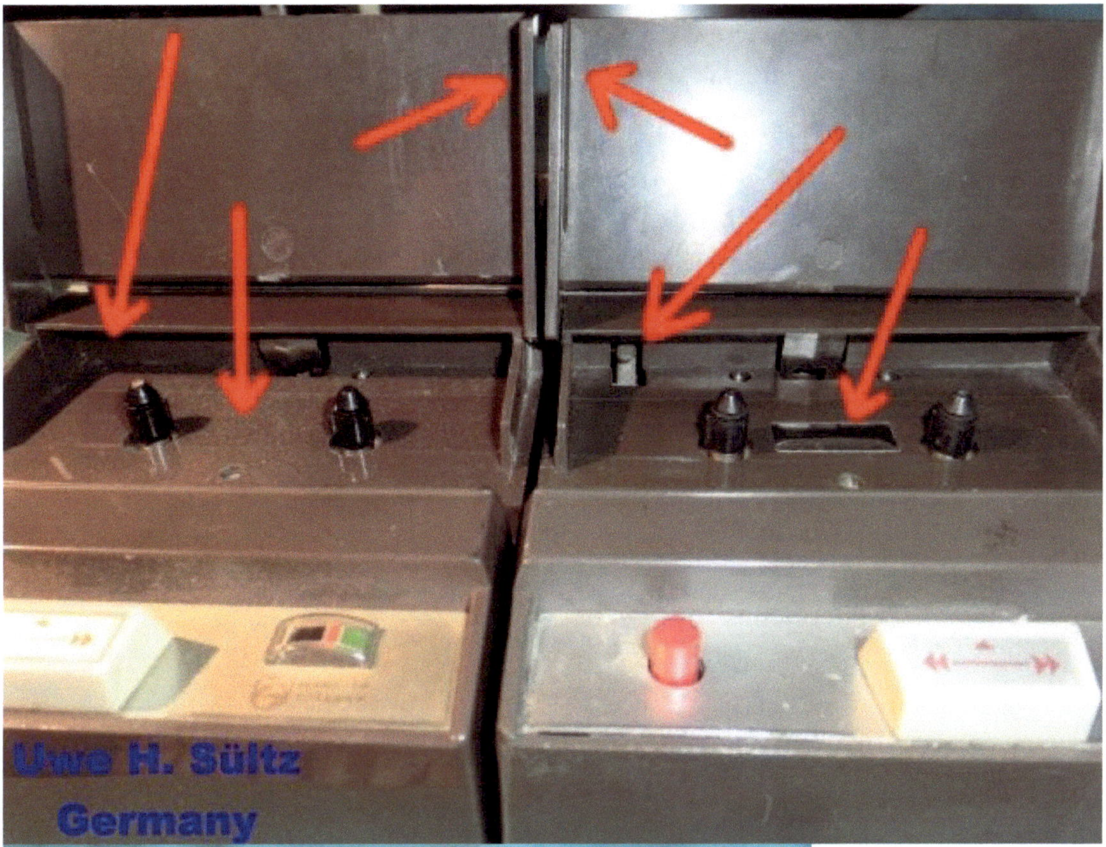

Le cadeau le plus attendu de l'année!

Pour écouter ou enregistrer de la musique :
le Mini K7 et la Musicassette

Ne cherchez plus le cadeau dont rêvent les jeunes, celui qui les fera sauter de joie quand vous leur offrirez... c'est le Mini K7!

Un Mini K7... que de joies en perspective! Sa taille miniature, sa simplicité, sa musicalité ont fait du Mini K7 la vedette de la série Philips K7, gamme de magnétophones spéciaux pour jouer les musicassettes. Performances remarquables! Mais dimensions réduites grâce aux récents pefectionnements de la miniaturisation électronique...

Place à la musique! Glissez une musicassette dans un Mini K7, poussez une touche... ça y est!

Voulez-vous enregistrer? Glissez une cassette vierge, poussez une touche... et voilà!

Partir Mini K7 en bandoulière... jouer les musicassettes, enregistrer, quand il plaît, où il plaît, c'est formidable.

Un cadeau aussi... la musicassette.

Un cadeau original! Ce minuscule boîtier contient, enregistrée sur ruban magnétique, autant de musique qu'un 33 tours de 30 cm!

Un cadeau durable! Le ruban magnétique inrayable, incassable, indéformable, donne après des mois la même reproduction fidèle!

Un cadeau "renouvelable"! Les grandes vedettes enregistrent sur musicassettes pour Philips, Fontana, Mercury... et la plupart des grandes marques! Des milliers de titres sont annoncés, une superbe collection à compléter petit à petit!

Documentation et démonstration sur demande à Philips, 48, av. Montaigne, Paris 8e et chez tous les revendeurs spécialisés Magnétophones Philips.

PHILIPS

MONO K7 - EL 3310 appareil secteur avec grand haut-parleur et réglage automatique du niveau d'enregistrement.

MAGI K7 - EL 3303 appareil fonctionnant sur piles, grand haut-parleur, prise pour haut-parleur supplémentaire et contrôle de tonalité.

AUTO K7 - EL 3305 se branche sur l'autoradio pour l'écoute en voiture des musicassettes.

UNI K7 - EL 3794 berceau spécial pour l'utilisation complète en voiture du Mini K7, se raccorde à l'autoradio.

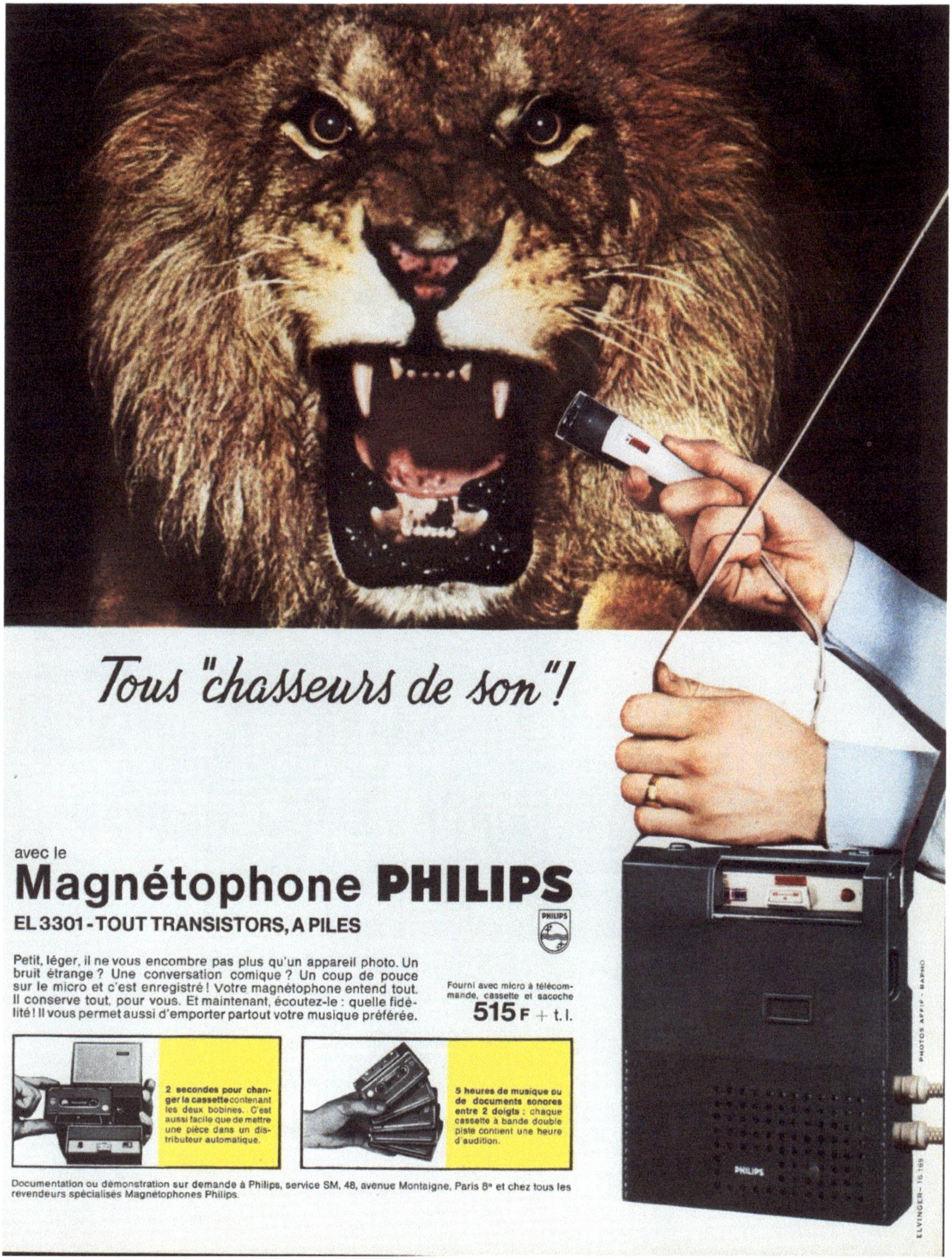

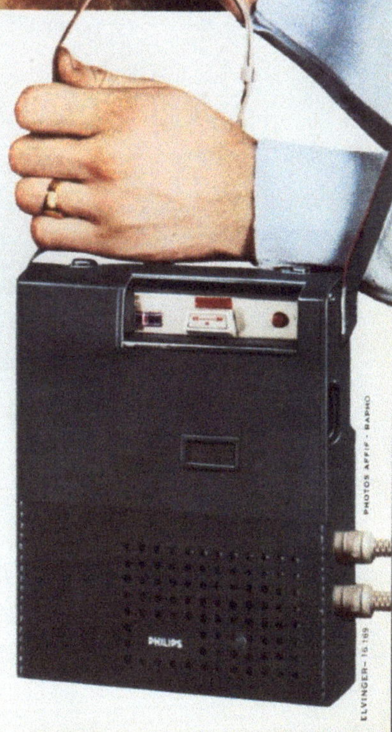

Tous "chasseurs de son"!

avec le
Magnétophone **PHILIPS**

EL 3301 - TOUT TRANSISTORS, A PILES

Petit, léger, il ne vous encombre pas plus qu'un appareil photo. Un bruit étrange ? Une conversation comique ? Un coup de pouce sur le micro et c'est enregistré ! Votre magnétophone entend tout. Il conserve tout, pour vous. Et maintenant, écoutez-le : quelle fidélité ! Il vous permet aussi d'emporter partout votre musique préférée.

Fourni avec micro à télécommande, cassette et sacoche

515 F + t.l.

2 secondes pour changer la cassette contenant les deux bobines. C'est aussi facile que de mettre une pièce dans un distributeur automatique.

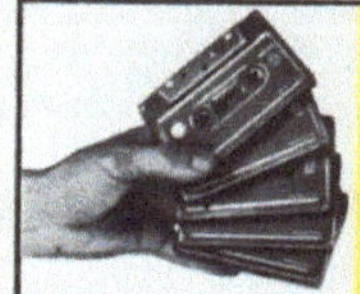

5 heures de musique ou de documents sonores entre 2 doigts : chaque cassette à bande double piste contient une heure d'audition.

Documentation ou démonstration sur demande à Philips, service SM, 48, avenue Montaigne, Paris 8ᵉ et chez tous les revendeurs spécialisés Magnétophones Philips.

enregistrez aussi facilement que vous photographiez

Braquez le micro, un déclic. C'est tout.
Le Mini K 7 enregistre. Un rire, un chant, un murmure, un bavardage, tout.
Pour écouter, un deuxième déclic. Les sons jaillissent.
Une vérité stupéfiante, la vérité. Avec ses nuances, ses subtilités.
Enregistrez tous ces instants qui ne reviendront jamais.
Emportez partout votre Mini K 7 en bandoulière.
Il est léger, maniable. Il gardera le souvenir de tout.
Un souvenir qui ne jaunit pas.

Livré avec sacoche, micro et cassette.
il ne vous coûtera même pas 400 F

Mini K7

Documentation sur demande / Philips, département Enregistrement,
service PM - 50, avenue Montaigne, Paris 8e - 2, 4, cité Paradis, Paris 10e

PHILIPS

Mini-K7 *Radiola*

une petite merveille pour enregistrer ou écouter de la musique

Follement nouveau !

Un geste : le Mini-K7 est chargé

Aussi facilement que vous mettez une lettre à la poste, vous placez dans le Mini-K7... une cassette - petit boîtier contenant un fin ruban magnétique - qui s'enclenche automatiquement.

Ainsi chargé, sans risque de fausse manœuvre, le Mini-K7 est prêt à enregistrer tout ce que vous voudrez, pendant une heure.

Une touche : vous enregistrez ou vous écoutez.

Tout petit magnétophone à transistors et piles, le Mini-K7 est d'un fonctionnement enfantin.

Enregistrement ? Vous branchez le micro, vous poussez une touche... et vous "prenez" tout ce qui vous plaît, où il vous plaît, quand il vous plaît.

Ecoute ? Vous poussez une touche (la même) et vous écoutez vos propres enregistrements, ceux de vos amis... ou encore vos Musicassettes.

Le Mini-K7 peut aussi se brancher sur une chaîne Hi-Fi, un récepteur radio ou un téléviseur : et alors... quelle musicalité !

Follement nouveau aussi : les **MUSICASSETTES !**

Les Musicassettes? Des cassettes (préenregistrées par Philips, Fontana, Mercury, Polydor) sur lesquelles vous retrouverez vos vedettes préférées, vos airs et vos rythmes favoris.

Tout comme un disque sur un électrophone, mettez une Musicassette sur votre Mini-K7, poussez la touche : place à la musique !

Et comme elles sont pratiques, les Musicassettes! Quelques-unes dans la poche, ou le sac : des heures de musique, en promenade, en voiture, en bateau, en camping, bref... partout, aussi bien que chez vous.

Le Mini-K7 et ses cassettes? C'est, pour la première fois, la musique en bandoulière. N'êtes-vous pas tenté ? Demandez le catalogue Musicassettes à votre disquaire ou votre revendeur radio qui vous fera, par la même occasion, une démonstration du Mini-K7.

Prix : 29,90 F t.t.c.

Radiola

Fangen Sie das Leben ein...

... mit dem Philips Cassetten-Recorder 3302

Wenn Sie einen Philips Cassetten-Recorder besitzen, geht Ihnen nichts verloren: Erstes Baby-Stammeln, Stegreif-Reden, die Stimmen der Natur, die Melodie der Großstadt, eine interessante Rundfunk-Sendung — Sie können sie festhalten. Mit ein paar Handgriffen, denn der Philips Cassetten-Recorder ist leicht zu bedienen. Überall benützen können Sie ihn auch — und handlich ist er obendrein.

Wenn Sie aber nicht nur am „Selbstaufgenommenen" Freude haben, dann kaufen Sie sich mal eine bespielte Cassette, eine MusiCassette. Wetten, daß Sie mit dem „Sound" Ihres Cassetten-Recorders genauso zufrieden sein werden wie mit seiner Aufnahmeleistung?

Philips Cassetten-Recorder 3302 mit Batteriebetrieb: Drinnen und draußen ein ideales Aufnahme- und Wiedergabegerät für alle, die sich aus der Leistung viel und aus dem Bedienungsaufwand wenig machen.

Durch elektronisch geregelten Motor immer betriebssicher! Sie erhalten ihn mit Fernbedienung, Mikrofon, Tragetasche, Compact-Cassette und Überspielkabel.

Senden Sie diesen Coupon an die Deutsche Philips GmbH, 2 Hamburg 1, Postfach 1093. Sie erhalten von uns kostenlos den Philips Tonbandgerätekatalog.

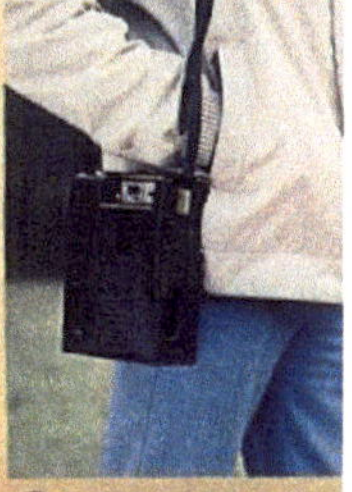

Fangen Sie
das Leben ein...
... mit dem Philips Cassetten-Recorder 3302

Wenn Sie einen Philips Cassetten-Recorder besitzen, geht Ihnen nichts
verloren: Erstes Baby-Stammeln, Stegreif-Reden, die Stimmen der Natur,
die Melodie der Großstadt, eine interessante Rundfunk-Sendung — alles
können Sie festhalten. Mit ein paar Handgriffen, denn der Philips Cassetten-
Recorder ist leicht zu bedienen. Überall benützen können Sie ihn auch —
und handlich ist er obendrein.
Wenn Sie aber nicht nur am „Selbstaufgenommenen" Freude haben,
dann kaufen Sie sich mal eine bespielte Cassette, eine MusiCassette.
Wetten, daß Sie mit dem „Sound" Ihres Cassetten-Recorders genauso
zufrieden sein werden wie mit seiner Aufnahmeleistung?
Philips Cassetten-Recorder 3302 mit Batteriebetrieb: Drinnen und draußen
ein ideales Aufnahme- und Wiedergabegerät für alle, die sich aus der
Leistung viel und aus dem Bedienungsaufwand wenig machen.
Durch elektronisch geregelten Motor immer betriebssicher! Sie erhalten ihn
mit Fernbedienung, Mikrofon, Tragetasche, Compact-Cassette und
Überspielkabel.

Senden Sie diesen
Coupon an die Deutsche
Philips GmbH, 2 Hamburg 1,
Postfach 1093. Sie erhalten
von uns kostenlos den
Philips Tonbandgerätekatalog

PHILIPS

Deutsche Philips GmbH PTO 917/2283

Follement nouveau !

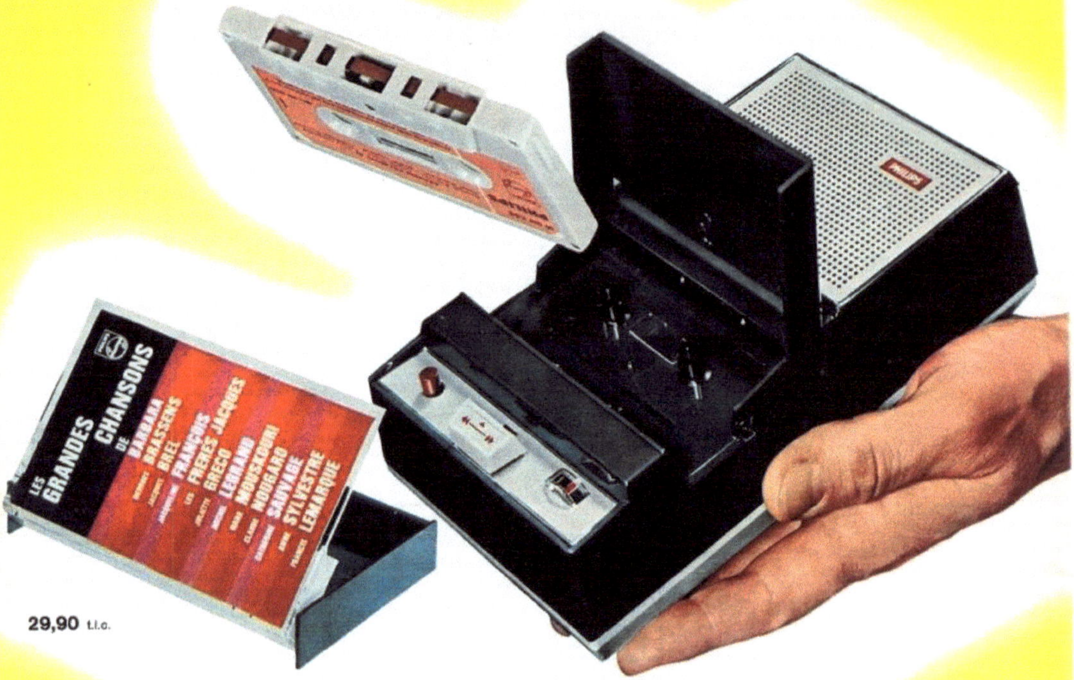

29,90 t.l.c.

Pour écouter ou enregistrer de la musique :

la **Musicassette** et son **Mini-K7**

le gadget le plus étonnant de l'année

Près d'une heure de musique ou de chansons au format d'un paquet de cigarettes. C'est plus qu'un gadget : c'est une révolution ! Dans ce boîtier minuscule qui pèse moins de 40 g vous avez près d'une heure de musique enregistrée sur un ruban magnétique plus fin qu'un serpentin.

Vos vedettes préférées, vos airs et vos rythmes favoris existent maintenant sur des Musicassettes enregistrées par Philips, Fontana, Mercury, Polydor. Vous trouverez bientôt des milliers de titres !

Jamais d'usure, jamais de rayure : le ruban magnétique ne peut ni se casser, ni se rayer, ni se déformer. Après des années il donne une reproduction aussi fidèle, aussi puissante qu'au premier jour et aussi dépourvue de bruit de fond.

Quelques Musicassettes dans la poche ou le sac... et voilà des heures de musique que vous écouterez en promenade, en voiture, en bateau, en camping, aussi bien que chez vous !

Pour écouter partout vos Musicassettes : le Mini-K7 Philips

Le Mini-K7 est un tout petit magnétophone à transistors et piles d'un fonctionnement enfantin. Tout comme vous mettez un disque sur un électrophone, placez une Musicassette sur votre Mini-K7, poussez une touche : place à la musique ! Emportez votre Mini-K7 à l'épaule dans une sacoche... c'est la musique en bandoulière !

Faites aussi vous-mêmes vos Musicassettes : Le Mini-K7 est un vrai magnétophone qui vous permet aussi d'enregistrer sur des cassettes vierges tout ce qui vous plaira, où il vous plaira. Posez la cassette, poussez la touche... vous enregistrez ! Vous compléterez ainsi à l'infini votre collection de Musicassettes.

Demandez une démonstration chez tous les Distributeurs Officiels PHILIPS et revendeurs spécialistes Magnétophone.

ELVINGER 17.262   PHOTO APPIT

Mini K7... Cassette...
Musicassette...
le moyen le plus jeune et le plus simple
d'enregistrer et d'écouter de la musique.

"MINI K7" c'est le plus séduisant des magnétophones que vous puissiez imaginer : grâce aux
progrès de l'électronique, il est tout petit mais
très musical.
"CASSETTE" c'est le minuscule chargeur qui
contient la bande magnétique. Finies les délica-
tes manipulations de ruban ! Pour enregistrer,
pour écouter, enclenchez la "cassette" dans le
"Mini K7", enfoncez une touche, c'est tout !
Et la "MUSICASSETTE" ? C'est autant de musique enregistrée qu'un grand 33 tours sous le
volume d'un étui à cigarettes. C'est ce qui rend
votre "MINI K7" doublement intéressant.
Partez "MINI K7" en bandoulière, vous enregistrerez et écouterez de la musique quand et
partout où il vous plaira !

Radiola

Documentation n° 1 sur demande à Radiola, 47, rue Monceau - Paris8°
Démonstration et vente chez tous les revendeurs Radiola.

MAGI K7 - Appareil
fonctionnant sur piles
et secteur, grand
haut-parleur, prise
pour haut-parleur
supplémentaire,
contrôle de tonalité

MONO K7 - Appareil
secteur avec
contrôle de tonalité
et réglage automa-
tique du niveau
d'enregistrement.

Photo Afté.

les 2
nouvelles
"idoles"
de la
jeunesse

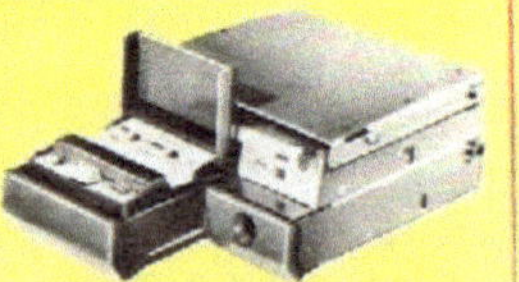

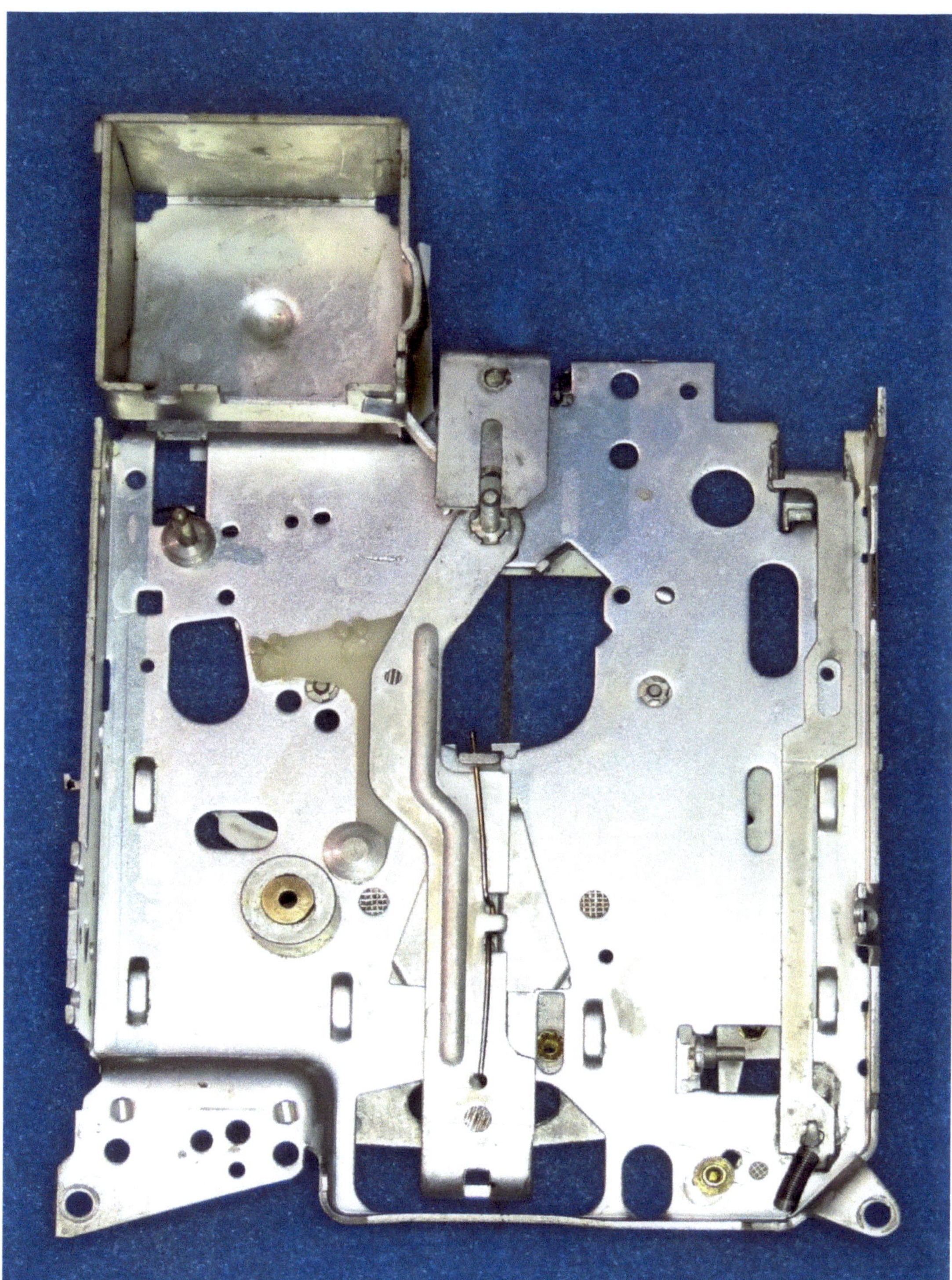

PHILIPS
Service
Service
Service

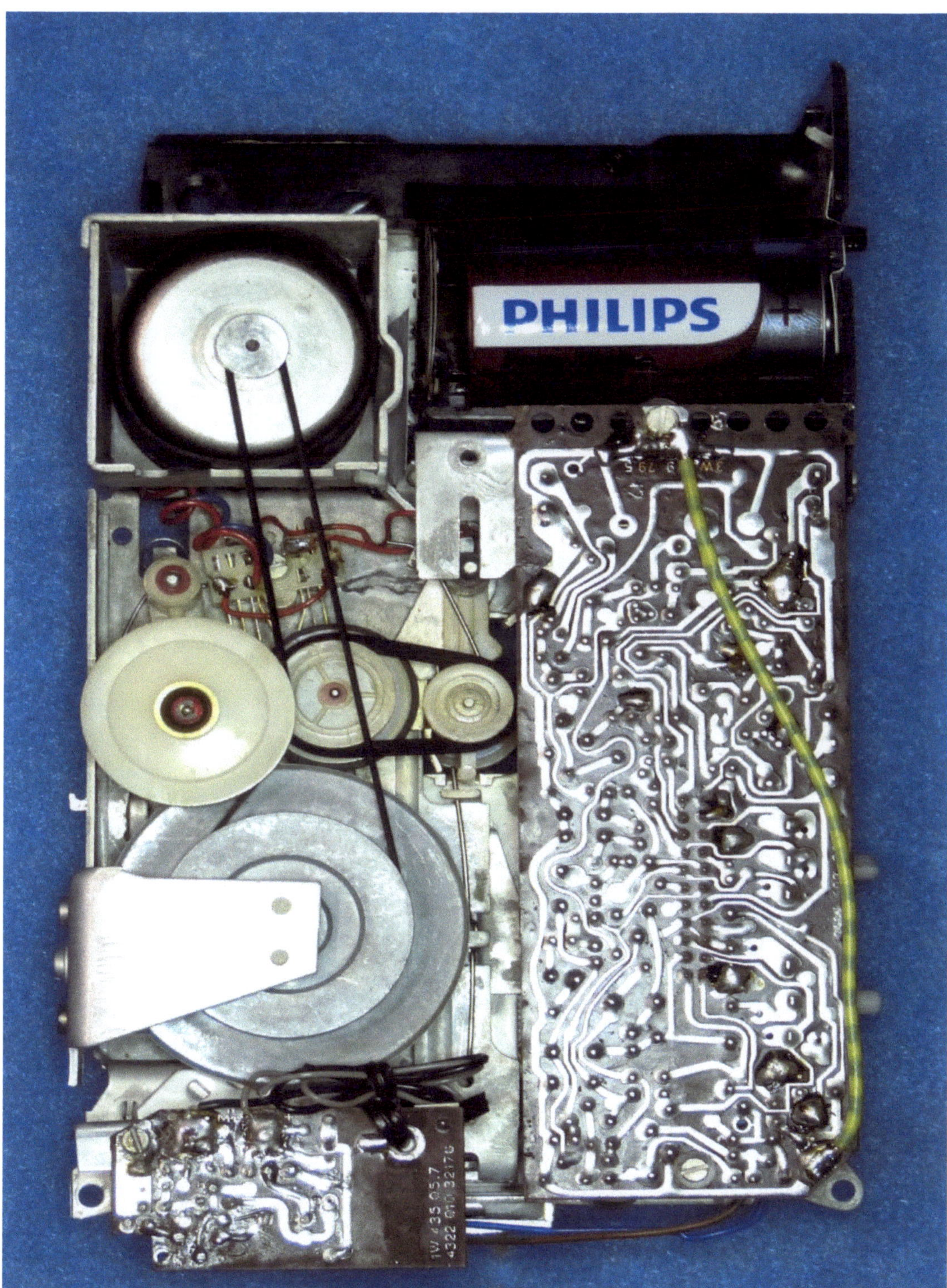

PHILIPS

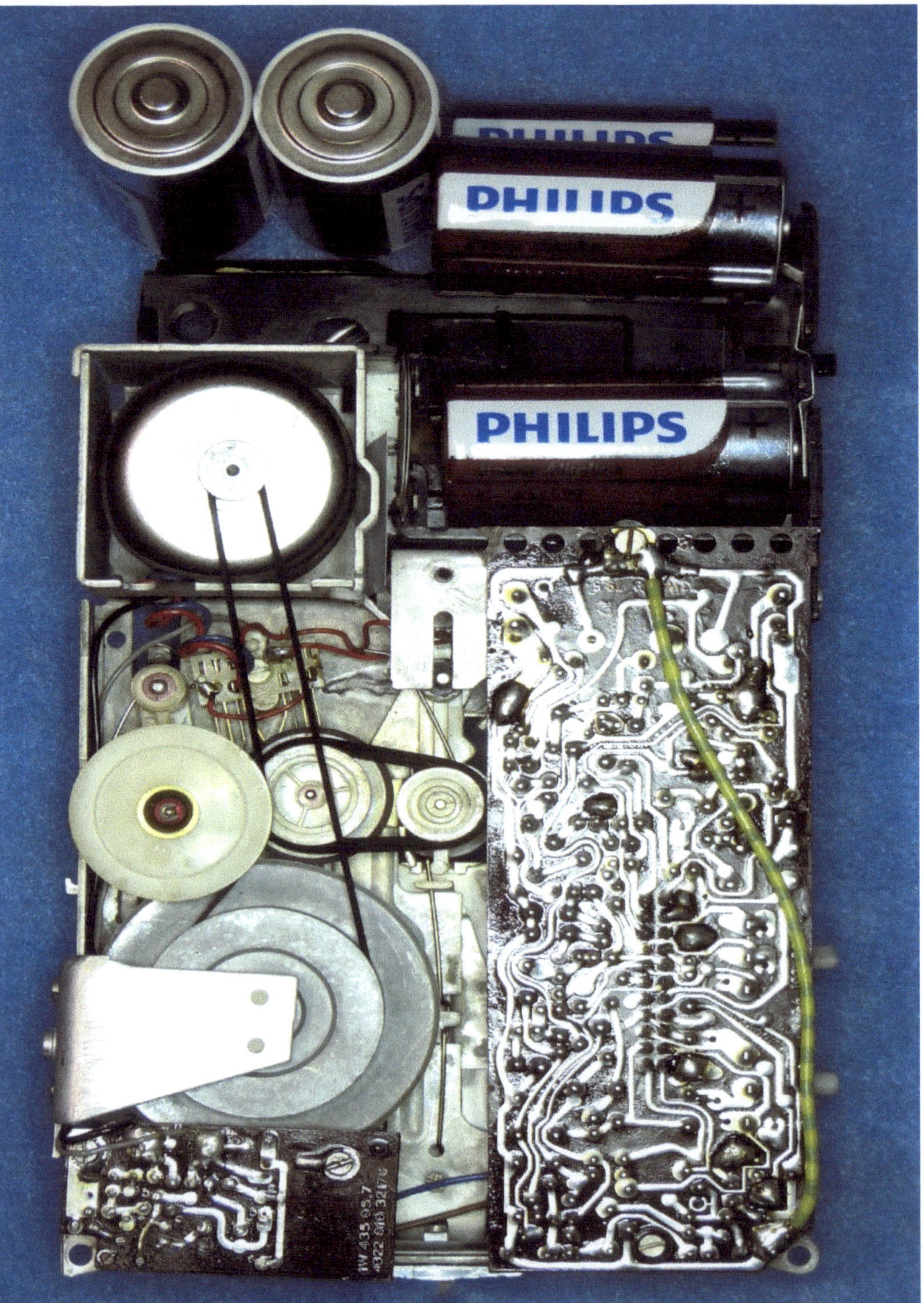
PHILIPS
PHILIPS
PHILIPS

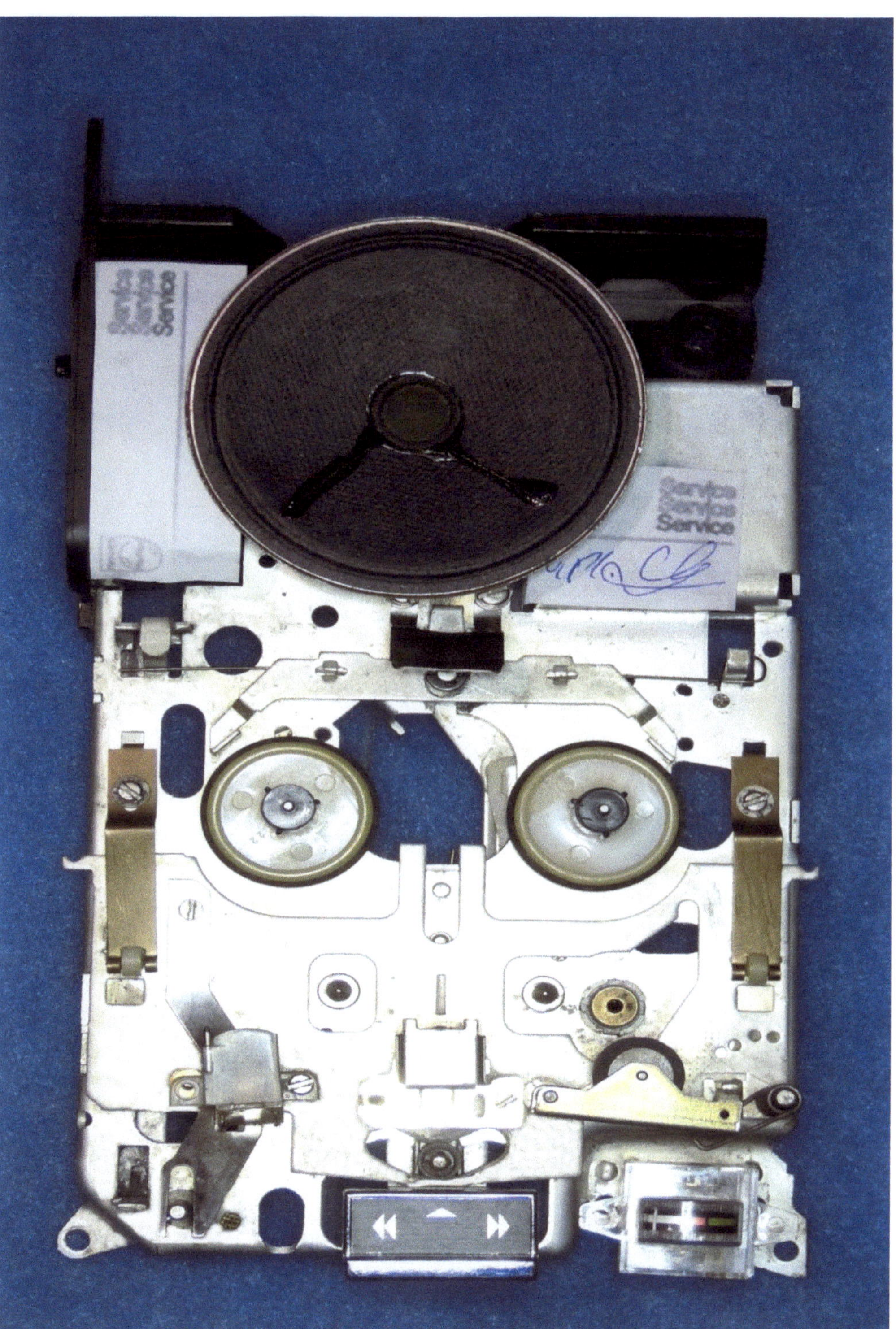
Service
Service
Service
Service
Service
Service

PHILIPS
PHILIPS
PHILIPS
PHILIPS
Service
INDEX
A
PHILIPS C·30 Compact Cassette
MADE IN ENGLAND
100 50 0

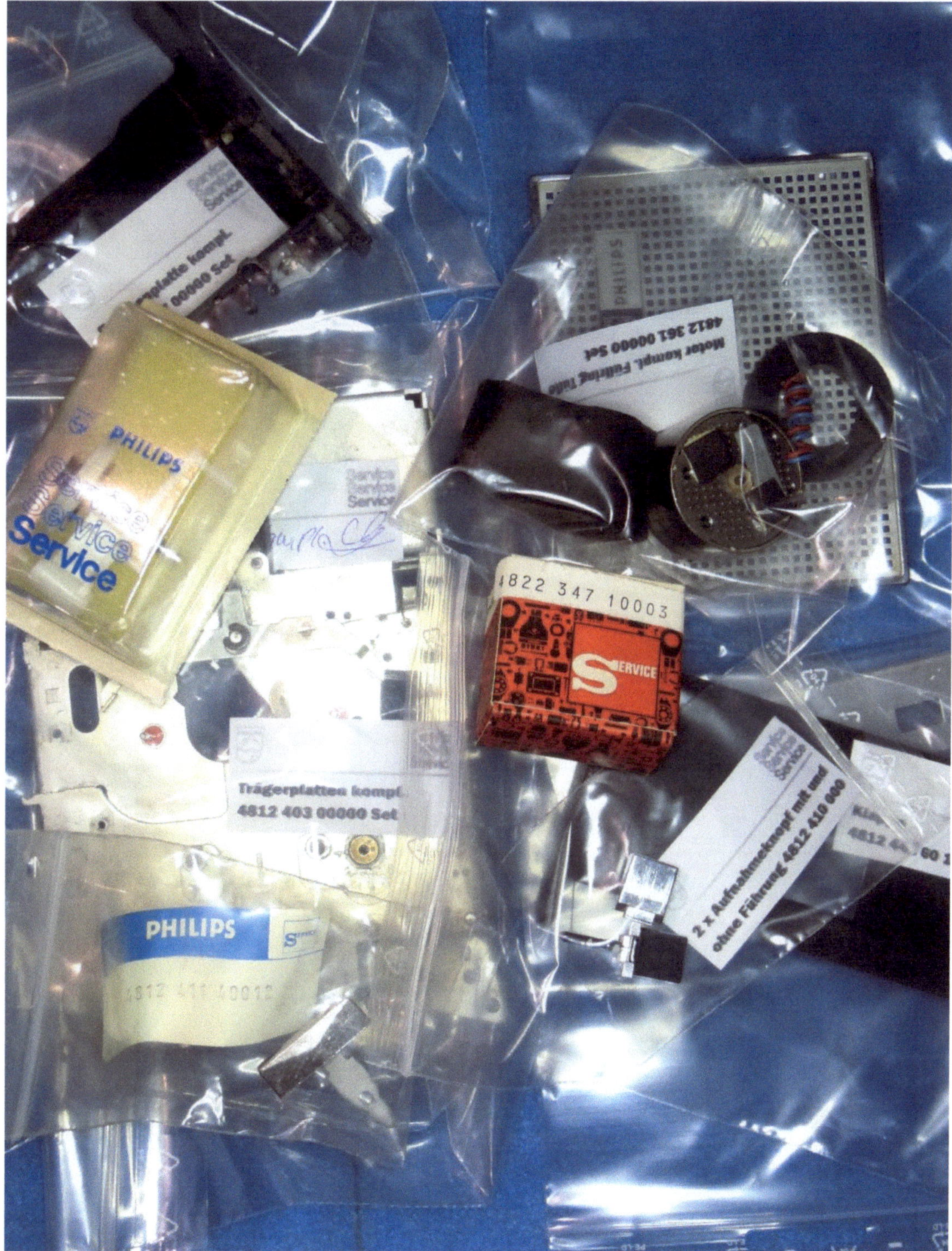
Service
Service
Service
PHILIPS
Service
Service
Service
4812 361 00000 Set
Motor kompl. Führung Tube
4822 347 10003
S ERVICE
Trägerplatten kompl.
4812 403 00000 Set
PHILIPS
S ERVICE
4812 411 10013
Service
Service
2 x Aufnahmeknopf mit und
ohne Führung 4812 410 000
4812 4.. 60 1

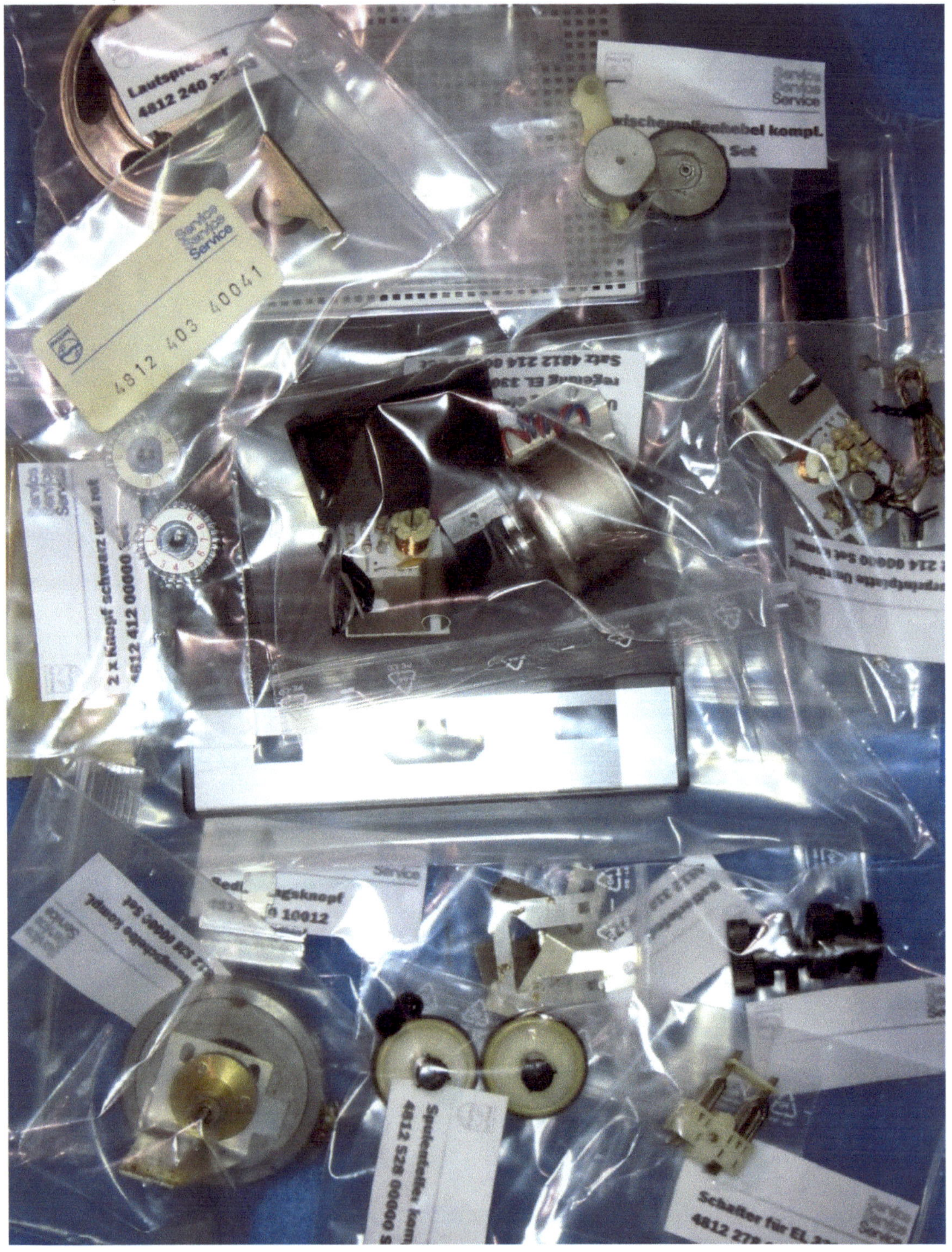

STOP
Service Service Service
Gehäuseoberteil kompl.
812 443 0000 Set
PHILIPS
MADE IN AUSTRIA

PHILIPS
PHILIPS
MADE IN HOLLAND

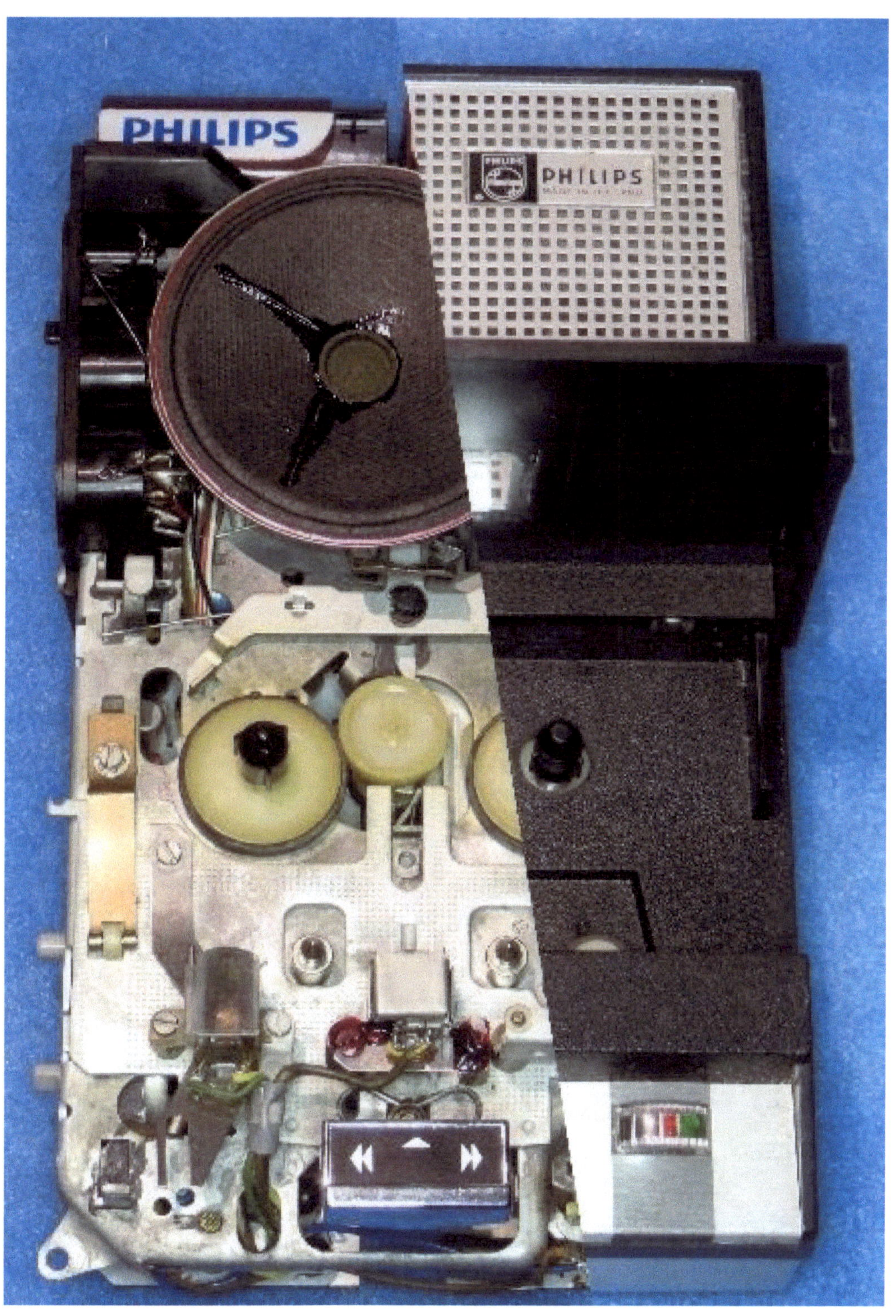
PHILIPS
PHILIPS

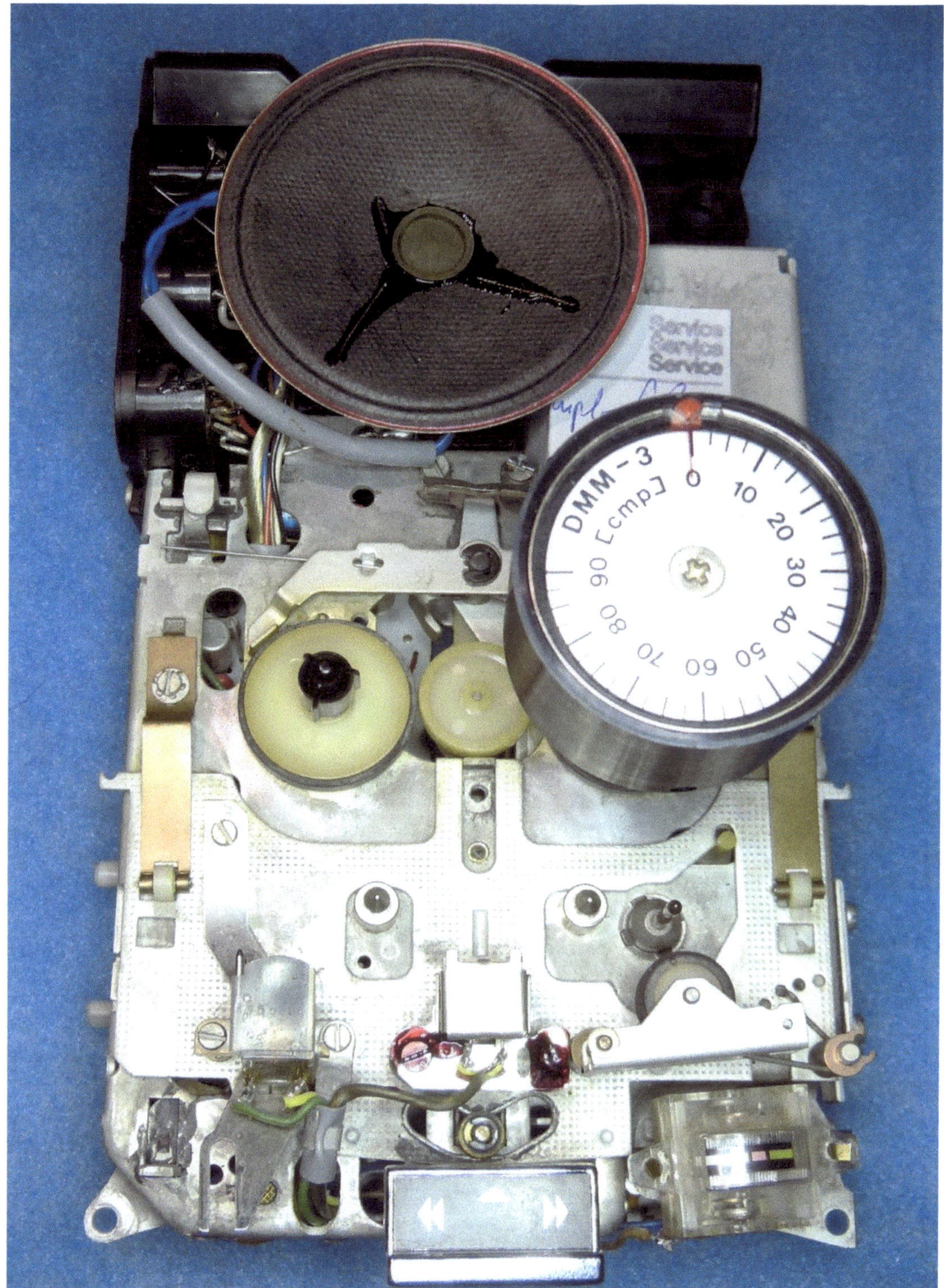
Service
Service
Service
DMM - 3
[cmp]
0
10
20
30
40
50
60
70
80
90

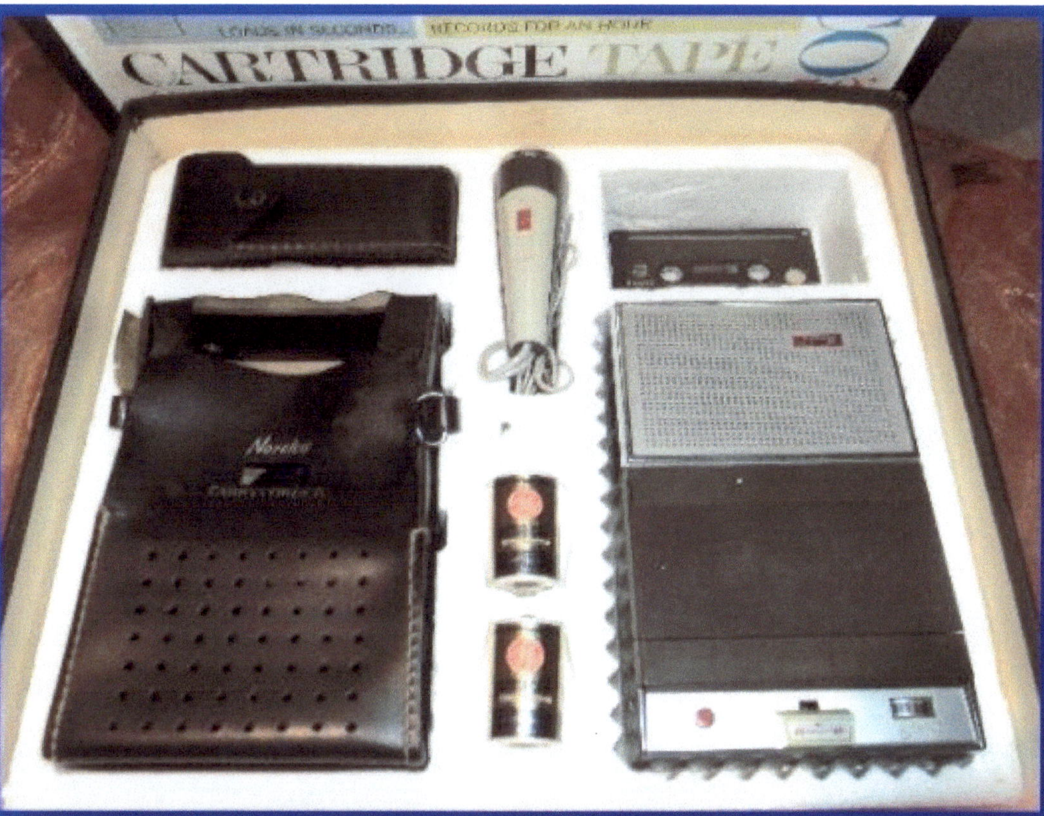

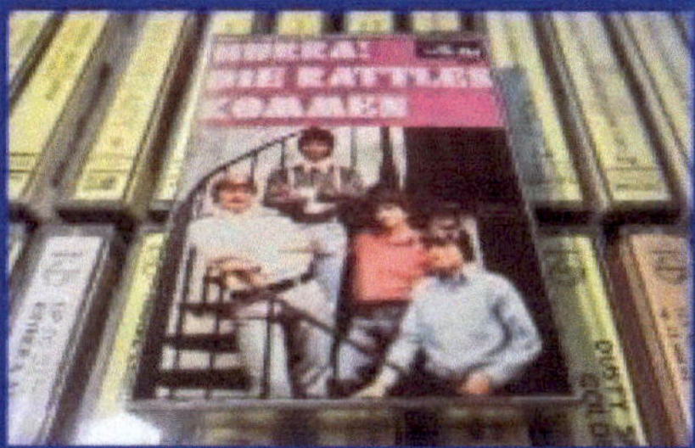

Die **MusiCassetten** - erste fertig bespielte Compact-Cassetten

Ein Bildband mit einer Auswahl an MusiCassetten von PHILIPS und weiteren Herstellern

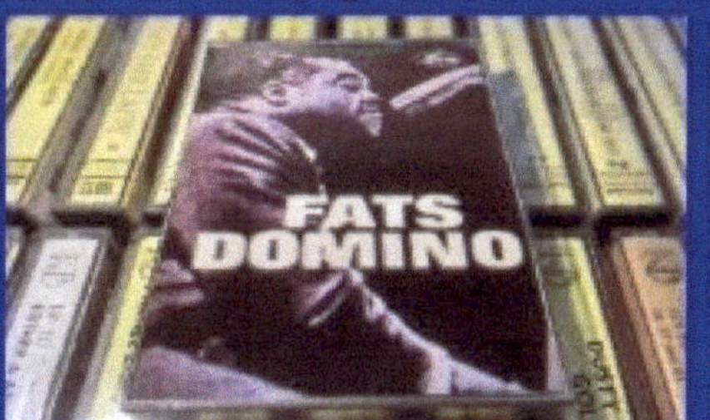

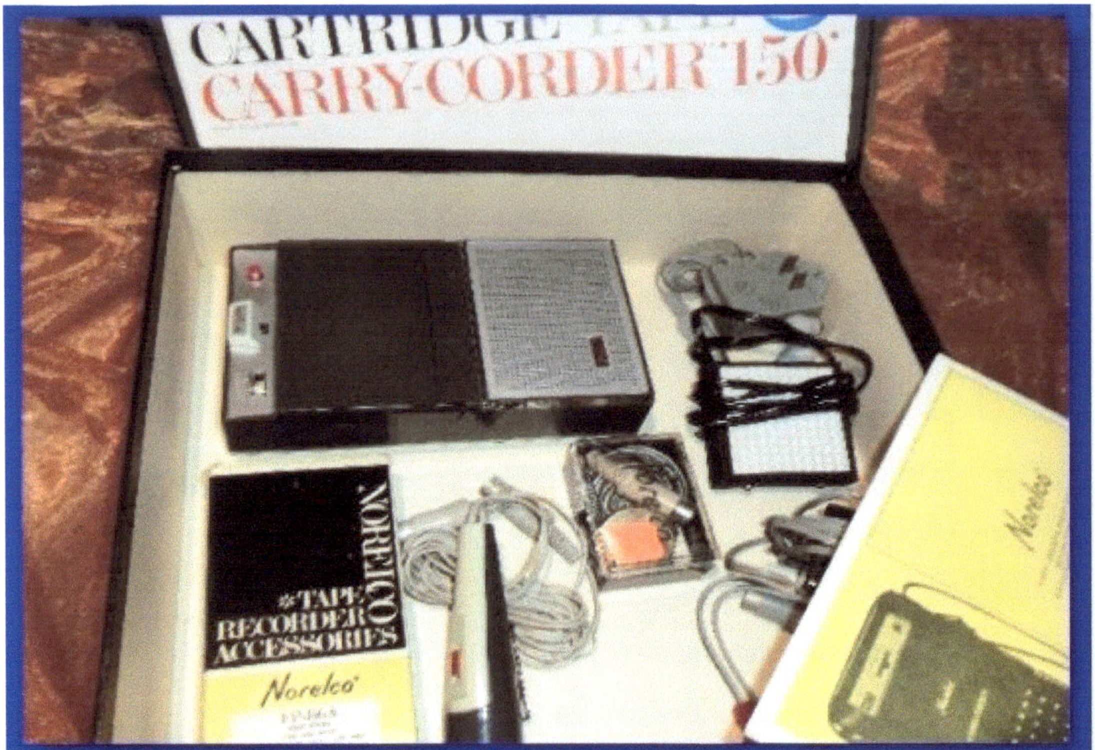

CARTRIDGE TAPE
CARRY-CORDER '150

NORELCO
TAPE RECORDER ACCESSORIES

Norelco

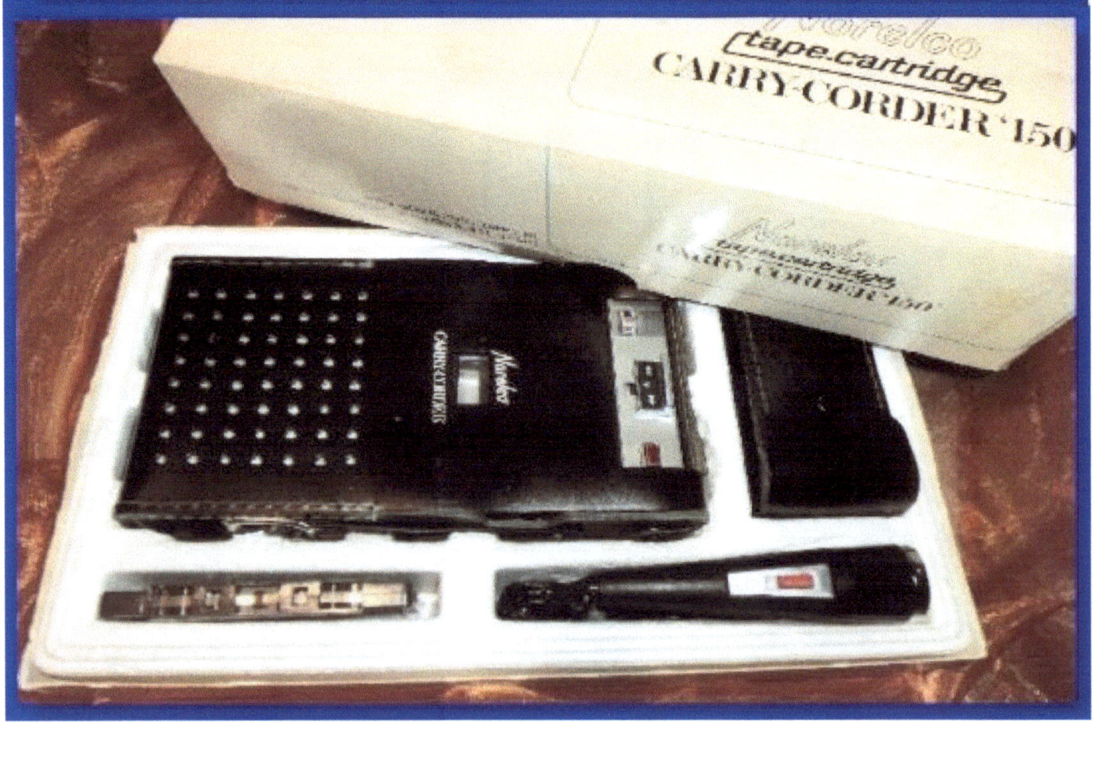

norelco
tape cartridge
CARRY-CORDER '150

Norelco
CARRY-CORDER

Demonstration tape for
cartridge recorder
Produced and manufacture
by PPI and DGG
MONO   MONO
1. L: Let's Dance   21' 43"
   (Dawe Carroll)
2. R: Tango's (Malando)   21' 41"
3. R: Tango's (Malando)   21' 41"
4. L: Let's Dance   21' 43"
   (Dawe Carroll)

PHILIPS
PHILIPS
100   50   0
2 a

PHILIPS
PHILIPS
100   50   0

Demonstration tape for
cartridge recorder
Produced and manufacture
by PPI and DGG
MONO   MONO
1. L: Let's Dance   21' 43"
   (Dawe Carroll)
2. R: Tango's (Malando)   21' 41"
3. R: Tango's (Malando)   21' 41"
4. L: Let's Dance   21' 43"
   (Dawe Carroll)
PHILIPS
PHILIPS

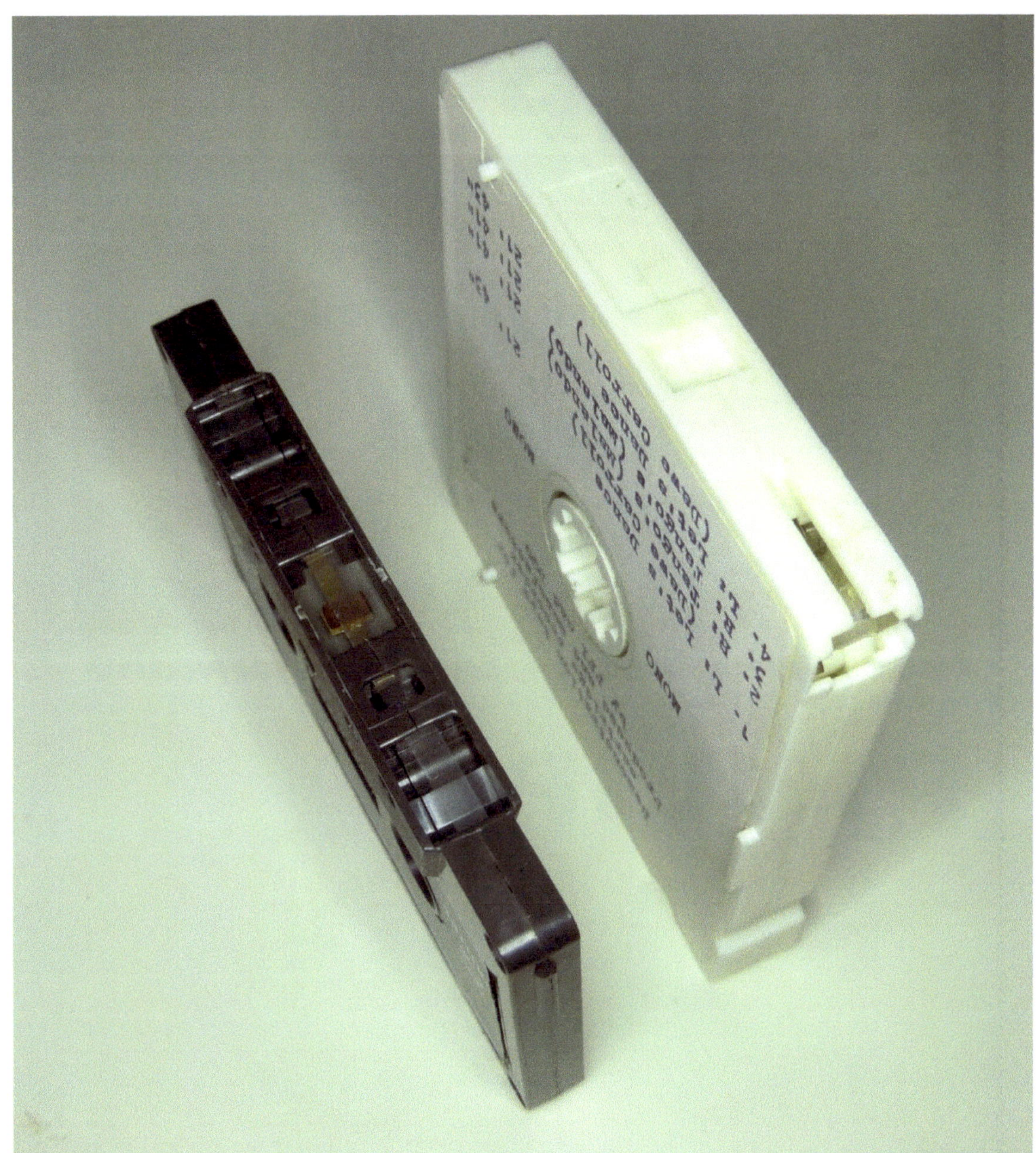

Die Einlochkassette aus dem Werk in Wien - 1962
PHILIPS

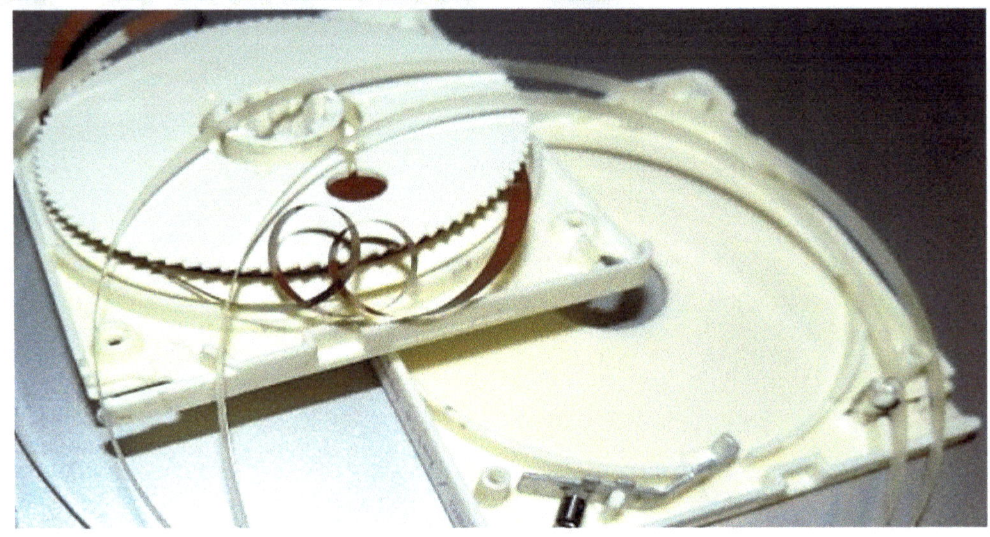

Uwe Heinz Sültz - Lünen - Germany

Die Einlochkassette aus dem Werk in Wien - 1962
PHILIPS

Uwe Heinz Sültz - Lünen - Germany

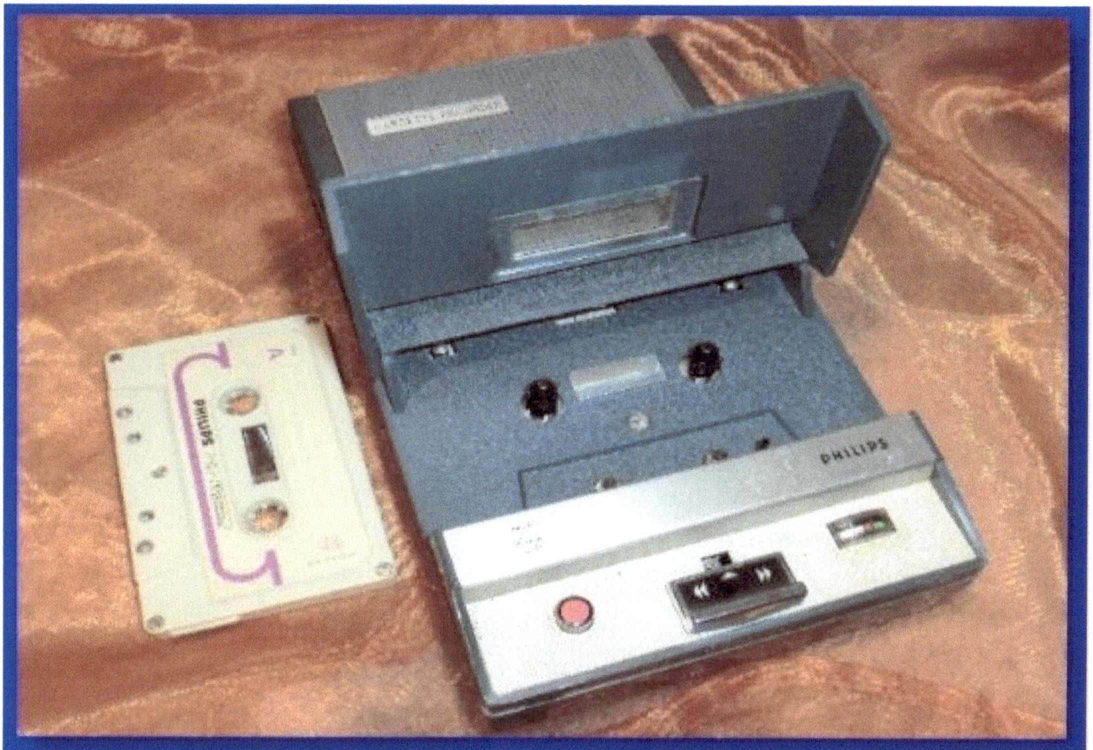

PHILIPS

Wollensak 2m

PANASONIC

Wollensak 3M

Autovox
C-30
FOR RECORDING
yé-yé

OFF
REC.
REWIND

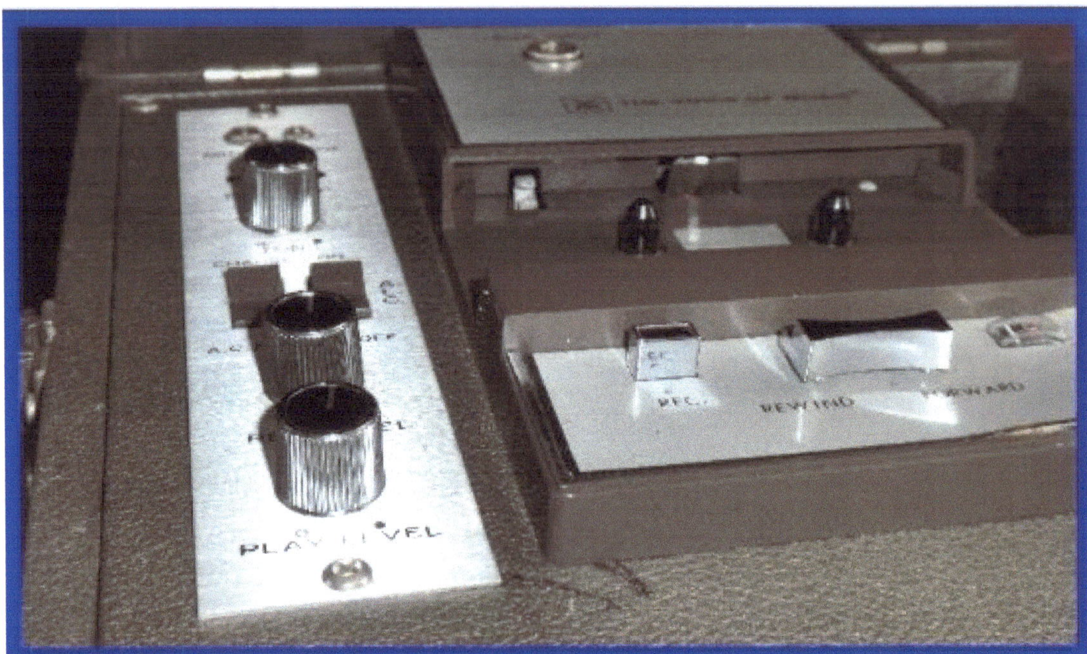

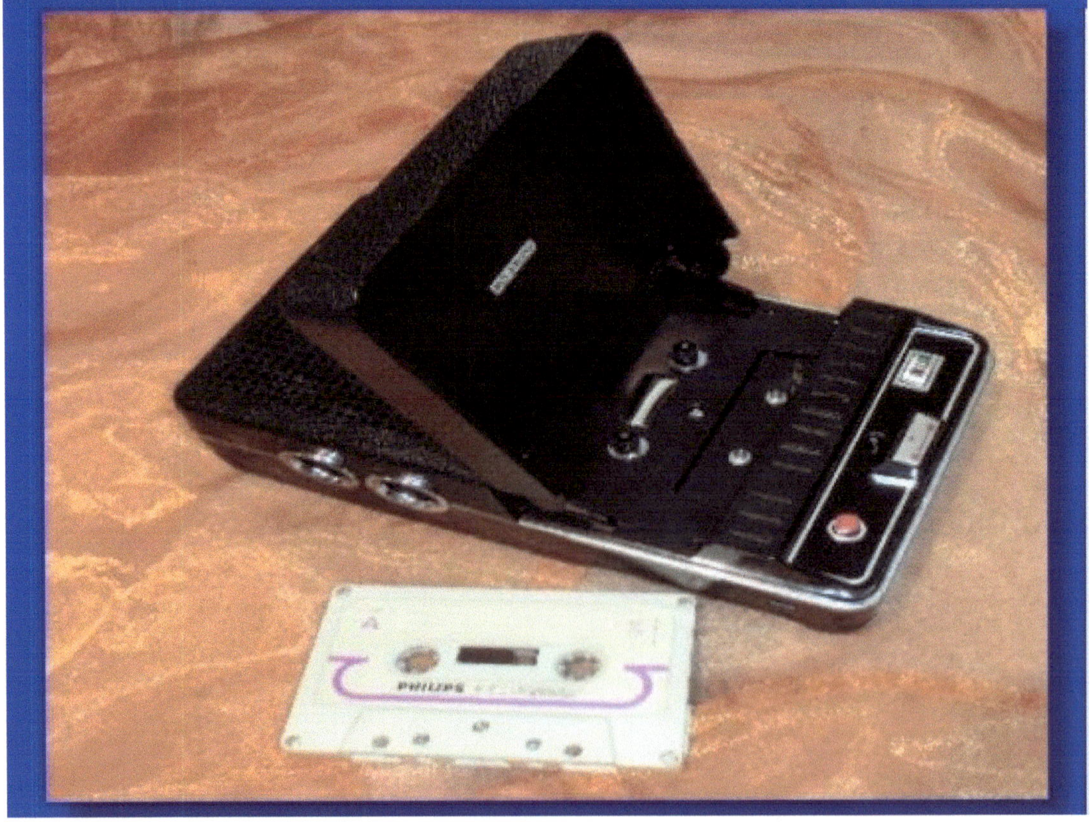
A
PHILIPS

Erste Cassetten-
Generation der
Weltmarken
(Auswahl)

**Weitere Cassetten
sind im Bildband
Compact Cassetten
Meilensteine
zu finden**

<u>**TIPPS:**</u>

-CASSETTEN REGELMÄßIG UMSPULEN

-KLEBESTELLEN ZWISCHEN BAND UND VORSPANNBAND KONTROLLIEREN

-WEIßER PILZ SCHADET NICHT, ABWISCHEN, UMSPULEN, FOLIEN SÄUBERN

-NEBEN DEM BAND IST AUCH DIE GLEITFOLIE EIN VERSCHLEIßTEIL

-VERKLEBTE GEHÄUSE SIND STABILER, LASSEN SICH ABER NICHT ÖFFNEN

-VERSCHRAUBTE GEHÄUSE NACHSCHRAUBEN

-NICHT SENKRECHT STEHENDE BANDUMLENKSTEGE VERURSACHEN AZIMUTFEHLER, DANN LIEBER NUR DIE BANDFÜHRUNGSROLLEN BENUTZEN

-ANDRUCKFEDERN GEBEN NACH, NACHBIEGEN ODER ERNEUERN

-ANDRUCKFILZE WERDEN SCHMUTZIG, ERNEUERN

-DIE LACKSCHICHT, IN DER DIE MAGNETPARTIKEL EINGEBUNDEN SIND, IST NICHT BEI ALLEN HERSTELLERN GLEICH ABRIEBFEST, KÖPFE, WELLE, ROLLE REINIGEN

-LAUFWERK STAUBFREI HALTEN

-BANDSALAT ENTSTEHT DURCH ELEKTRISCHE AUFLADUNG DER GLEITFOLIEN, DURCH VERSCHLISSENE GLEITFOLIEN, DURCH VERSCHMUTZTE ANDRUCKROLLE ODER WELLE, DURCH DEFEKTES AUFWICKELN (KUPPLUNG)

-REGELMÄßIG DAS LAUFWERK DES RECORDERS REINIGEN UND ENTMAGNETISIEREN

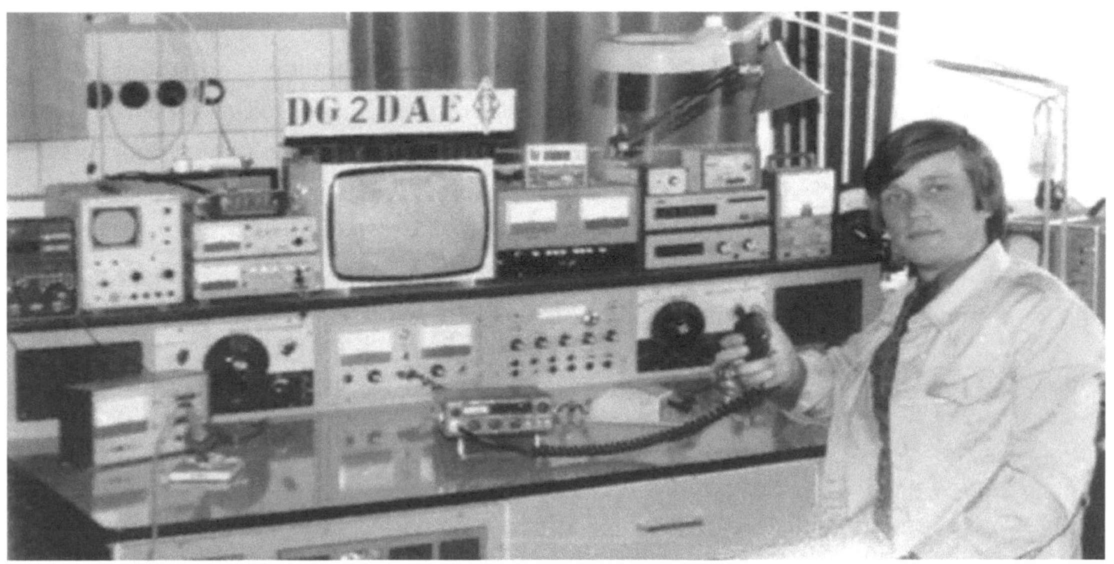

Über Uwe H. Sültz:

Sein erster Recorder war der ausrangierte EL 3300, der im AUDI 100 LS seines Vaters gute Dienste tat. Vater Heinz übergab den Recorder mit interessanten Bändern. U.a. war die welterste Tonaufnahme der Funkausstellung 1963 dabei, als ein Techniker den EL 3300 erklärte. Heinz Sültz, Radio- und Fernseh-Techniker-Meister war bei der Präsentation dabei. Ein Techniker erklärte damals den Recorder. Uwe H Sültz hat diese und weitere Tonaufnahmen in YouTube veröffentlicht. Wer interessiert ist, einfach PHILPS SÜLTZ in GOOGLE oder YOUTUBE eingeben. Der EL 3300 hatte noch keine Geschwindigkeitseinstellung. Er lief von Mal zu Mal langsamer. Uwe H. erhöhte die Spannung. Noch bevor er den Recorder zerstörte, gab es einen PHILIPS Stereo-Recorder EL 3312. Der nächste Schritt war dann ein ELAC CD 400 (NAKAMICHI), bis zum NAKAMICHI Dragon. Im Radio- und Fernseh-Betrieb der Eltern hatte Uwe H. Sültz alle Möglichkeiten Cassetten und Recorder zu testen. So sind nach und nach über 10.000 Compact Cassetten (erste bis letzte verschiedener Hersteller) und MusiCassetten (die weltersten verschiedener Labels) zusammengetragen worden. Die gesamte PHILIPS-Sammlung von 1963 bis 1999 ist mehrfach vorhanden und wird zu gegebener Zeit dem PHILIPS-Museum übergeben. Das gleich gilt für die Recorder, ca. 100 Geräte der Baureihen EL 3300, 3301, 3302, 3310, 3312 bis zum HiFi N 2510 sind gesammelt und restauriert. Die veröffentlichten Bücher sollen an dieses Kulturgut erinnern und unseren Enkeln erklären, wozu wir einen Bleistift für die Compact Cassetten benötigten.

Neben der Ausbildung zum Radio- und Fernsehtechniker war Uwe H. Sültz für den Verkauf zuständig. Es folgten Abitur und Studium. Danach der Wechsel in die Kieferorthopädie. Im Jahr 1993 bespielte Uwe H. Sültz für die KFO-Praxis Dr. Jutta Sültz Anleitungs-Cassetten, die den Patienten (99% Kinder) das Zähneputzen richtig erklärten. Die von ihm erfundene Zahnfee Fritzi klärte nach dem Start der Cassette, wie und wie lange richtig die Zähne geputzt werden. Kurz vor dem Wechsel in das neue Jahrtausend erwarb Uwe H. Sültz ca. 200 PHILIPS Cassetten der letzten Generation ohne Einleger. Sie wurden an treue Kunden und Patienten, sowie echten Fans der Compact Cassette bis 2003 verteilt.

Danke für Ihr Interesse! In Erinnerung an Lou Ottens! Uwe H. Sültz